MATEMÁTICA
APLICADA À INFORMÁTICA

```
L732m   Lima, Diana Maia de.
           Matemática aplicada à informática / Diana Maia de Lima,
        Luis Eduardo Fernandes Gonzalez ; coordenação: Almério
        Melquíades de Araújo. – Porto Alegre : Bookman, 2015.
        x, 108 p. : il. ; 25 cm.

        ISBN 978-85-8260-316-1

           1. Matemática - Informática. I. Gonzalez, Luis Eduardo
        Fernandes. II. Título.

                                                       CDU 51:004
```

Catalogação na publicação: Poliana Sanchez de Araujo – CRB 10/2094

DIANA MAIA DE LIMA

LUIS EDUARDO FERNANDES GONZALEZ

Coordenação: **Almério Melquíades de Araújo**

MATEMÁTICA
APLICADA À INFORMÁTICA

2015

© Bookman Companhia Editora, 2015

Gerente editorial: *Arysinha Jacques Affonso*

Colaboraram nesta edição:

Editora: *Maria Eduarda Fett Tabajara*

Processamento pedagógico: *Sandra Chelmicki*

Capa e projeto gráfico: *Paola Manica*

Imagens da capa: *agsandrow/iStock/Thinkstock*

Editoração: *Estúdio Castellani*

Reservados todos os direitos de publicação à
BOOKMAN EDITORA LTDA., uma empresa do GRUPO A EDUCAÇÃO S.A.
A série Tekne engloba publicações voltadas à educação profissional e tecnológica.

Av. Jerônimo de Ornelas, 670 – Santana
90040-340 – Porto Alegre – RS
Fone: (51) 3027-7000   Fax: (51) 3027-7070

É proibida a duplicação ou reprodução deste volume, no todo ou em parte, sob quaisquer formas ou por quaisquer meios (eletrônico, mecânico, gravação, fotocópia, distribuição na Web e outros), sem permissão expressa da Editora.

Unidade São Paulo
Av. Embaixador Macedo Soares, 10.735 – Pavilhão 5 – Cond. Espace Center
Vila Anastácio – 05095-035 – São Paulo – SP
Fone: (11) 3665-1100   Fax: (11) 3667-1333

SAC 0800 703-3444 – www.grupoa.com.br
IMPRESSO NO BRASIL
PRINTED IN BRAZIL

Os autores

Diana Maia de Lima
Licenciada em Matemática pelo Centro Universitário Fundação Santo André (CUFSA). Mestre em Educação Matemática pela Pontifícia Universidade Católica de São Paulo (PUC-SP).

Luis Eduardo Fernandes Gonzalez
Tecnólogo em Processamento de Dados pela Universidade de Marília (UNIMAR). Licenciado em Informática pela Universidade Metodista de Piracicaba (UNIMEP). Pós-graduado em Desenho de Currículo para o Ensino Técnico e Profissional pela Universidade de Ciências Pedagógicas Héctor A. Piñeda Zaldívar (Havana, Cuba). Pós-graduado em Especialização para Gestores dos Sistemas Estaduais de Ensino pelo Instituto Federal do Paraná (IFPR). Coordenador de Projetos do Grupo de Formulação e Análises Curriculares (GFAC-CETEC) do Centro Paula Souza.

Coordenador

Almério Melquíades de Araújo
Graduado em Física pela PUC-SP e Mestre em Educação pela mesma universidade. Coordenador de Ensino Médio e Técnico do Centro Estadual de Educação Tecnológica Paula Souza (CETEC), em São Paulo.

Apresentação

As bases científicas do ensino técnico

Que professor já não disse, ou ouviu dizer, diante dos impasses dos processos de ensino e de aprendizagem, que "os alunos não têm base" para acompanhar o curso ou a disciplina que estão desenvolvendo?

No ensino técnico, onde os professores buscam a integração dos conceitos tecnológicos com o domínio de técnicas e do uso de equipamentos para o desenvolvimento de competências profissionais, as bases científicas previstas nas áreas do conhecimento de ciências da natureza e matemática são um esteio fundamental.

Avaliações estaduais, nacionais e internacionais têm constatado as deficiências da maioria dos nossos alunos da Educação Básica, particularmente nas áreas do conhecimento mencionadas. Os reflexos estão aí: altos índices de repetência e de evasão escolar nos cursos técnicos e de ensino superior e baixos índices de formação de técnicos, tecnólogos e engenheiros – formações profissionais nas quais o domínio dos conceitos de matemática, física, química e biologia são condições *sine qua non* para uma boa formação profissional.

Construir uma passarela entre os cursos técnicos dos diferentes eixos tecnológicos e as suas respectivas bases científicas é o propósito da coleção Bases Científicas do Ensino Técnico.

Acreditamos que, partindo de uma visão integradora dos ensinos médio e técnico, o desenvolvimento dos currículos nas alternativas subsequente, concomitante ou integrado deverá ser um processo articulado entre os conhecimentos científicos previstos nos parâmetros curriculares nacionais do ensino médio e as bases tecnológicas de cada curso técnico, numa simbiose que não só garantirá uma educação profissional mais consistente, como também propiciará um crescimento profissional contínuo.

Sabemos que o adulto trabalhador que frequenta as escolas técnicas à noite e que, em sua maioria, concluiu o ensino médio há um certo tempo é o principal alvo dessa coleção, que permitirá, de forma objetiva e contextualizada, a recuperação de conhecimentos a partir de suas aplicações.

Esperamos que professores e alunos (jovens e adultos trabalhadores), ao longo de um curso técnico, sintam-se apoiados por este material didático a fim de superar as eventuais dificuldades e alcançar o objetivo comum: uma boa formação profissional, com a aliança entre o conhecimento, a técnica, a ciência e a tecnologia.

Almério Melquíades de Araújo

Ambiente virtual de aprendizagem

Se você adquiriu este livro em ebook, entre em contato conosco para solicitar seu código de acesso para o ambiente virtual de aprendizagem. Com ele, você poderá complementar seu estudo com os mais variados tipos de material: aulas em PowerPoint®, quizzes, vídeos, leituras recomendadas e indicações de sites.

Todos os livros contam com material customizado. Entre no nosso ambiente e veja o que preparamos para você!

SAC 0800 703-3444

divulgacao@grupoa.com.br

www.grupoa.com.br/tekne

Sumário

capítulo 1
Noções de lógica matemática 1
Introdução 2
Operadores aritméticos e expressões
  numéricas 2
Operadores lógicos e relacionais 5
Sistemas de numeração 7
  Sistema decimal 7
  Sistema binário 7
  Sistema octal 8
  Sistema hexadecimal 8
  Conversões de uma base numérica
    para outra 8
Proposições 12
  Proposições simples 13
  Proposições compostas 13
  Operadores lógicos 14
  Tabelas-verdade 15
  Tipos de proposições compostas 18
Atividades 20

capítulo 2
Teoria dos conjuntos 25
Introdução 26
Conjuntos finitos e infinitos 26
Notação 27
Tipos de conjuntos 29
  Conjunto unitário 29
  Conjunto vazio 29
  Conjunto universo 30
Subconjuntos e igualdade de conjuntos 31
  Conjunto das partes 32
Operações com conjuntos 33
  Reunião ou união de conjuntos 33
  Intersecção de conjuntos 33
  Diferença de conjuntos 33
  Complementar de B em A 33
Conjuntos numéricos fundamentais 34

Conjunto dos números naturais 34
Conjunto dos números inteiros 34
Conjunto dos números racionais 35
Conjunto dos números irracionais 35
Conjunto dos números reais 35
Intervalos 36
Cardinalidade 37
Atividades 39

capítulo 3
Relações e funções 43
Introdução 44
Relações 45
  Par ordenado 46
  Produto cartesiano 47
  Relação binária 49
Função 50
  Propriedades de funções 52
Atividades 59

capítulo 4
Matrizes e frações 61
Introdução 62
Notação geral 63
Denominações especiais 64
Igualdade de matrizes 66
Operações envolvendo matrizes 67
  Adição 67
  Subtração 68
  Multiplicação de um número real por
    uma matriz 68
  Multiplicação de matrizes 69
Matriz inversa 71
Matriz booleana 71
Matrizes e computação gráfica 74
  Rotação 74
  Ampliação e redução 75
  Translação 76

Frações 79
    Utilização de frações na informática 80
Atividades 82

capítulo 5
Análise combinatória e probabilidade 85
Introdução 86
Análise combinatória 87
    Princípio da multiplicação ou princípio fundamental da contagem 87
    Princípio da adição 89
    Outras formas de contagem 89
Probabilidade 92
    Experimento aleatório 92
Binômio de Newton 96
Atividades 97

Apêndice 101
Regra de três 102
    Regra de três simples 102
    Regra de três composta 103
Equação polinomial do 2º grau 104
    Equação completa 105
    Equação incompleta 105
    Resolução de equações incompletas 105
    Resolução de equações completas 107
Porcentagem 108

» capítulo 1

Noções de lógica matemática

De acordo com as Diretrizes Curriculares do MEC para Cursos de Computação e Informática, "[...] a lógica matemática é uma ferramenta fundamental na definição de conceitos computacionais." (BRASIL, [1999], p. 7). De fato, para desenvolver qualquer algoritmo e, consequentemente, qualquer software computacional, são necessários conhecimentos básicos de lógica. Ainda, resolver problemas computacionais requer o conhecimento de operadores e expressões aritméticas, operadores lógicos e relacionais, e sistemas numéricos. Neste capítulo, abordamos esses conteúdos, relacionando sua aplicação na informática em desenvolvimento de programas e algoritmos, em soluções de armazenamento de informações para otimização de memória principal e secundária e em medições e distribuição de processamento e memória em sistemas distribuídos.

Bases Científicas
- » Operadores e expressões aritméticas
- » Potenciação
- » Operadores lógicos e relacionais
- » Lógica proposicional
- » Sistemas numéricos

Bases Tecnológicas
- » Introdução à lógica de programação
- » Construção de algoritmos: fluxogramas e pseudocódigos
  - » Operadores aritméticos e expressões aritméticas
  - » Operadores relacionais
  - » Operadores lógicos e expressões lógicas
  - » Estruturas de controle
- » Conceitos de engenharia de sistemas
- » Sistema operacional
- » Tipos de memórias
- » Armazenamento de dados
- » Sistemas numéricos decimais, binário e hexadecimal
- » Introdução à programação modo texto ou console
- » Introdução à programação visual

Expectativas de Aprendizagem
- » Reconhecer e utilizar os operadores aritméticos, lógicos e relacionais.
- » Identificar os sistemas de numeração e compreender a conversão entre os sistemas.
- » Usar os símbolos formais da lógica proposicional.
- » Determinar o valor lógico de uma expressão em lógica proposicional.
- » Construir tabelas-verdade.

Introdução

O desenvolvimento da lógica teve seu marco na Grécia Antiga, nos trabalhos desenvolvidos por Aristóteles (384 a.C.-322 a.C.). Aristóteles criou a **lógica analítica**, ou aristotélica, segundo a qual é possível chegar a certas conclusões a partir de noções preliminares sobre um assunto específico. Um exemplo clássico que resume o funcionamento da dedução na lógica aristotélica é: "Todos os homens são mortais. Sócrates é homem. Logo, Sócrates é mortal".

A lógica é utilizada na resolução de muitos problemas computacionais como a criação de algoritmos e de programas de baixa ou alta complexidade. Além disso, também serve para elaborar circuitos lógicos capazes de melhorar o desempenho do hardware dos computadores, como o ganho de velocidade de processamento ou armazenamento de dados e a diminuição dos dispositivos ou melhorias no gerenciamento de energia dos computadores.

Em computação, a lógica matemática está diretamente relacionada à **lógica de Boole** (booleana), que tem como base o 0 (zero) e o 1 (um). Essa teoria teve um papel essencial para o desenvolvimento da computação, pois definia que um sistema matemático poderia ser representado em duas quantidades: o universo (representado pelo número 1) e o nada (representado pelo número 0). Assim, um sistema matemático seria basicamente formado por dois estados para a quantificação lógica. Mais adiante, os inventores do primeiro computador entenderam que um sistema com apenas dois valores poderia compor mecanismos para refazer cálculo. Com o passar dos anos, essas teorias foram aperfeiçoadas e tais referências possibilitaram a simplificação de circuitos eletrônicos e, consequentemente, a melhora no desempenho dos computadores.

No curso técnico em informática, a lógica é parte essencial do aprendizado de computação, pois é necessária desde os primeiros passos, no desenvolvimento de modelos computacionais, diagramas, fluxogramas e algoritmos, até a resolução de problemas mais complexos como o gerenciamento de memória, armazenamento de arquivos, modelos lógicos de distribuição de informação e técnicas de segurança da informação.

> **» DEFINIÇÃO**
> Entende-se por lógica booleana ou lógica de Boole o estudo dos princípios e métodos usados para distinguir sentenças verdadeiras de falsas. George Boole (inglês, 1815-1864), matemático e filósofo britânico, foi um dos precursores do estudo da lógica.

Operadores aritméticos e expressões numéricas

Praticamente todo problema computacional é desenvolvido por meio de cálculos aritméticos. Assim, é necessário saber o que são **operadores aritméticos**. Eles são utilizados para desenvolver as operações matemáticas e estão relacionados no Quadro 1.1.

Quadro 1.1 » Operadores aritméticos

Operador	Símbolo	Operação	Exemplo
Sinal mais	+	Valor do operando	A
Sinal menos	–	Negação do operando	– A
Adição	+	Adiciona operandos	A + B
Subtração	–	Subtrai operandos	A – B
Multiplicação	*	Multiplica operandos	A * B
Divisão	/	Divide operandos	A/B
Sinal igual	=	Atribui o valor do operando B ao operando A	A = B

Na informática, também é comum a utilização de outros dois operadores aritméticos, o DIV e o MOD, utilizados para obter o quociente inteiro da divisão de números inteiros e para obter o resto da divisão de números inteiros, respectivamente.

Quadro 1.2 » Operadores aritméticos

Operador	Símbolo	Exemplo
DIV	DIV	x DIV y
MOD	MOD	x MOD y

» **ATENÇÃO**
Um programa, depois de escrito, passa por uma compilação antes de sua execução. Nesse processo de compilação, uma das tarefas é a interpretação das declarações do programa e o estabelecimento da sequência de operações que devem ser executadas.

Uma **expressão numérica** é um conjunto de operações matemáticas que obedecem a duas propriedades: precedência e associação.

Precedência: estabelece que os operadores de maior precedência tenham seus operandos atribuídos antes daqueles de menor precedência, independentemente do lugar em que aparecem na expressão. Por exemplo, escrever 5 + 6 * 7 é o mesmo que escrever 6 * 7 + 5. Ou seja, a multiplicação tem maior precedência do que a adição. E, em ambas as expressões, o resultado é 47.

Associação: quando os operadores têm a mesma precedência, estabelece a ordem pela qual os operandos serão agrupados – da esquerda para a direita, ou da direita para a esquerda. Por exemplo, para resolver 8 – 4 + 2, agrupamos da esquerda para a direita, resolvendo primeiro a subtração e depois a adição.

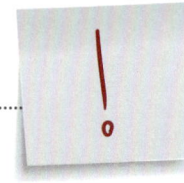

>> IMPORTANTE

Esta é a ordem de resolução na expressão:

1. Potenciação e radiciação (na ordem que aparecem)
2. Multiplicação ou divisão (na ordem que aparecem)
3. Adição ou subtração (na ordem que aparecem)

Também podemos utilizar parênteses na criação de expressões numéricas simples. Eles impõem uma determinada ordem de agrupamento. Resolver $(8 - 4) * 2$ é diferente de resolver $8 - (4 * 2)$. Por exemplo: $(8 - 4) * 2 = 4 * 2 = 8$, enquanto $8 - (4 * 2) = 8 - 8 = 0$. Note que, no último caso, o uso dos parênteses é indiferente, pois a multiplicação tem maior precedência que a subtração.

Podemos, ainda, criar expressões numéricas com parênteses encaixados. Nesse caso, a ordem de agrupamento é do mais interno para o mais externo, aplicando as propriedades de associação e precedência. Veja, por exemplo, a resolução de $5 + ((7 + 3) / (8 - 3) - 8)$:

$5 + ((7 + 3) / (8 - 3) - 8) =$
$5 + (10 / 5 - 8) =$
$5 + 2 - 8 =$
$7 - 8 = -1$

Note que, no caso de expressões utilizadas no desenvolvimento de algoritmos ou programas, utilizamos apenas os parênteses. Chaves e colchetes, por exemplo, são símbolos utilizados com outras finalidades, de acordo com a linguagem de programação específica. Assim, para cada parêntese aberto, "(", deve haver um parêntese de fechamento, ")". Também é importante salientar que as expressões sempre devem ser executadas iniciando-se pela expressão mais interna, ou seja, de dentro para fora.

>> Agora é a sua vez!

Acesse o ambiente virtual de aprendizagem Tekne para ter acesso às respostas das questões dos quadros "Agora é a sua vez!": *www.bookman.com.br/tekne*.

1. Resolva a expressão $x/y + a/b$, onde $x = 1,5; y = 1,0; a = 4$ e $b = 5$.

Se utilizada **potenciação**, sendo dados um número real a e um número natural n, por exemplo, com n ≥ 2, chama-se de potência de base a e expoente n o número a^n, que é o produto de n fatores iguais a a:

$$a^n = \underbrace{a \times a \times a \times \ldots \times a}_{n \text{ fatores}}$$

Veja alguns casos especiais:

- $x^1 = x$
- $1^x = 1$
- $0^x = 0$
- $x^0 = 1, x <> 0$

Propriedades:

1. $a^m \times a^n = a^{m+n}$
2. $a^m/a^n = a^{m-n}$
3. $(a^m)^n = a^{m \times n}$
4. $(a^m \times b^n)^x = a^{m \times x} \times b^{n \times x}$
5. $(a^m/a^n)^x = a^{m \times x}/a^{n \times x}$
6. $a^{-m} = 1/a^m$

<u>Por exemplo</u>: supondo a × b <> 0 para simplificar a expressão y = $(a^3b^4)^6/(a^3)^2b^8$, aplicamos as propriedades y = $a^{18}b^{24}/a^6b^8$ = $a^{18-6}b^{24-8}$ = $a^{12}b^{16}$.

» Agora é a sua vez!

2. Calcule o valor de $(-3)^2$ e -3^2.

» Operadores lógicos e relacionais

Os operadores lógicos e relacionais são fundamentais na elaboração de programas, uma vez que as expressões lógicas e relacionais são utilizadas constantemente para solucionar problemas computacionais, desde os mais comuns aos mais complexos, como, por exemplo, a tomada de decisões em algoritmos utilizados na programação de robôs.

> **IMPORTANTE**
> Como podemos ver, a comparação entre valores é utilizada para criar condição verdadeira ou falsa, um recurso em linguagem de programação muito utilizado e que serve para tomar decisões no fluxo do código.

> **NO SITE**
> Acesse o ambiente virtual de aprendizagem Tekne (www.bookman.com.br/tekne) para ter acesso a uma apresentação animada em PowerPoint® com exemplos de operadores XOR e XAND.

Os **operadores relacionais**, como o próprio nome sugere, permitem fazer relações ou comparações entre valores e/ou expressões aritméticas. Essas relações podem ser de igualdade (x é igual a y), ou de desigualdade (maior, menor ou diferente). Veja o Quadro 1.3.

Quadro 1.3 » Operadores relacionais

Operador	Símbolo	Exemplo	Resultado
Menor	<	x < y	1 se x menor que y, senão 0
Maior	>	x > y	1 se x maior que y, senão 0
Menor ou igual	<=	x <= y	1 se x menor ou igual a y, senão 0
Maior ou igual	>=	x >= y	1 se x maior ou igual a y, senão 0
Igual	=	x = y	1 se x igual a y, senão 0
Diferente	<>	x <> y	1 se x diferente de y, senão 0

Os **operadores lógicos** são utilizados para elaborar operações relacionais compostas e possibilitam que haja, na comparação de valores ou expressões, uma resposta (retorno), que pode ser ou verdadeira (V) ou falsa (F). Veja o Quadro 1.4.

Quadro 1.4 » Operadores lógicos

Operador	Símbolo	Exemplo	Operação
AND	∧	X ∧ Y	E (conjunção lógica)
OR	∨	X ∨ Y	OU (disjunção lógica)
NOT	~	~X	negação
Se... então...	→	X → Y	condicional
Se, e somente se,	↔	X ↔ Y	bicondicional

Na computação, é comum a utilização de outros dois operadores lógicos, o XOR e o XAND, normalmente utilizados para operações com portas lógicas. Veja o Quadro 1.5.

Quadro 1.5 » Operadores lógicos

Operador	Símbolo	Exemplo	Operação
XOR	XOR	x XOR y	OU exclusivo
XAND	XAND	x XAND y	E exclusivo

» Sistemas de numeração

Nos sistemas digitais, costuma-se recorrer a diferentes sistemas de numeração para representar a informação digital. A base de um sistema de numeração é a quantidade de algarismos ou símbolos disponível na representação. Os sistemas de numeração tem seu nome derivado de sua base – o sistema decimal, por exemplo, tem base 10, enquanto que o hexadecimal tem base 16.

O sistema de numeração decimal (ou na base 10), que usa dez algarismos, é o sistema mais utilizado por seres humanos, e o sistema binário é o mais frequente no mundo da computação, mas existem outros. Veja a seguir.

> » **DEFINIÇÃO**
> Um **sistema de numeração** é um conjunto de princípios que constitui um artifício lógico de classificação em grupos e subgrupos das unidades que formam os números.

» Sistema decimal

É um sistema de numeração posicional que utiliza base 10. Nesse sistema, os dez algarismos indo-arábicos (0, 1, 2, 3, 4, 5, 6, 7, 8, 9) servem para contar unidades, dezenas, centenas, etc., da direita para a esquerda.

Por exemplo, podemos escrever o número 473 da seguinte forma:

$473 = 4 \times 100 + 7 \times 10 + 3 = 4 \times 10^2 + 7 \times 10^1 + 3 \times 10^0$

» Sistema binário

É um sistema de numeração posicional que utiliza base 2 e dispõe de duas cifras: zero e um. O sistema binário é base para a **álgebra booleana**, que permite fazer operações lógicas e aritméticas usando apenas dois dígitos ou dois estados (sim ou não, V ou F, 1 ou 0, ligado ou desligado).

A eletrônica digital e a computação estão baseadas nesse sistema binário e na lógica de Boole, que permite representar por circuitos eletrônicos digitais (portas lógicas) os números e caracteres e realizar operações lógicas e aritméticas. Os programas de computadores são codificados de forma binária e armazenados nas mídias (memórias, discos, etc.) nesse formato.

Adição de binários

Os números binários são base 2, ou seja, há apenas dois algarismos: zero e um. Na soma de 0 com 1, o total é 1. Quando se soma 1 com 1, o resultado é 2, mas, como 2 em binário é 10, o resultado é zero, e passa-se o outro 1 para "frente", ou seja, para ser somado ao próximo elemento.

Por exemplo:

```
  1100
+  111
-----
 10011
```

Subtração de binários

Quando temos 0 menos 1, precisamos "emprestar" do elemento vizinho. Esse empréstimo vem valendo 2, pelo fato de ser um número binário. Então, no caso da coluna 0 − 1 = 1, porque, na verdade, a operação feita foi 2 − 1 = 1. Esse processo se repete, e o elemento que cedeu o "empréstimo" e valia 1 passa a valer 0. Note que, logicamente, quando o valor for zero, ele não pode "emprestar" para ninguém, passando-se o "pedido" para o próximo elemento.

Por exemplo:

```
  1101110
−   10111
  -------
  1010111
```

> **» IMPORTANTE**
> São necessários três dígitos para representarmos de 0 (000) a 7 (111) em binário.

» Sistema octal

O sistema octal (base 8) é formado por 8 (oito) símbolos ou dígitos, para representação de qualquer dígito em octal (de 0 a 7). Esse sistema foi criado com o propósito de minimizar a representação de um número binário e facilitar a manipulação humana.

» Sistema hexadecimal

O sistema hexadecimal (base 16) foi criado com o mesmo propósito do sistema octal: minimizar a representação de um número binário. Como não existem símbolos dentro do sistema arábico que possam representar os números decimais entre 10 e 15 sem repetir os símbolos anteriores, foram utilizados símbolos literais: A, B, C, D, E e F.

> **» IMPORTANTE**
> Se considerarmos quatro dígitos binários, ou seja, quatro bits, o maior número que se pode expressar com esses quatro dígitos é 1111, que é, em decimal, 15.

» Conversões de uma base numérica para outra

Binário para decimal

Começando sempre da esquerda para a direita, cria-se uma expressão aritmética cuja primeira parcela é 2^m vezes o primeiro algarismo, onde m é o número de dígitos do número a ser convertido menos 1. Na próxima parcela, m vai diminuindo de 1 em 1 até chegar a zero na última parcela. Deverá haver um número de parcelas igual ao número de algarismos do número a ser convertido.

Por exemplo:

1. O número binário 1011 representa o número 11 em decimal:
   $1011 = 1 \times 2^3 + 0 \times 2^2 + 1 \times 2^1 + 1 \times 2^0 = 8 + 0 + 2 + 1 = 11$

2. O número binário 1100 representa o número 12 em decimal:
   $1100 = 1 \times 2^3 + 1 \times 2^2 + 0 \times 2^1 + 0 \times 2^0 = 8 + 4 + 0 + 0 = 12$

Decimal inteiro para binário

Dado um número decimal inteiro, para convertê-lo em binário, basta dividi-lo sucessivamente por 2, anotando o resto da divisão inteira e, então, ler os números de baixo para cima.

Por exemplo:

1. Veja como converter o número $(24)_{10}$ em binário.

$$
\begin{aligned}
24 : 2 &= 12 + &&0 \\
12 : 2 &= 6 + &&0 \\
6 : 2 &= 3 + &&0 \\
3 : 2 &= 1 + &&1 \\
1 : 2 &= 0 + &&1 \quad \uparrow LER
\end{aligned}
$$

Assim, $(24)_{10}$ corresponde a $(11000)_2$.

2. Veja como converter $(35)_{10}$ em binário.

$$
\begin{aligned}
35 : 2 &= 17 + &&1 \\
17 : 2 &= 8 + &&1 \\
8 : 2 &= 4 + &&0 \\
4 : 2 &= 2 + &&0 \\
2 : 2 &= 1 + &&0 \\
1 : 2 &= 0 + &&1 \quad \uparrow LER
\end{aligned}
$$

Assim, $(35)_{10}$ corresponde a $(100011)_2$.

Octal para decimal

Dado um número em octal, para convertê-lo em decimal, começamos sempre da esquerda para a direita. Criamos uma expressão aritmética cuja primeira parcela é 8^m vezes o primeiro algarismo, onde m é o número de dígitos do número a ser convertido menos 1. Na próxima parcela, m vai diminuindo de 1 em 1 até chegar a zero na última parcela. Deverá haver um número de parcelas igual ao número de algarismos do número a ser convertido.

Por exemplo:

$(24)_8 = 2 \times 8^1 + 4 \times 8^0 = 16 + 4 = (20)_{10}$

$(16)_8 = 1 \times 8^1 + 6 \times 8^0 = 8 + 6 = (14)_{10}$

Decimal para octal e para hexadecimal

Para esses tipos de conversão, é necessário dividir sucessivamente pela base o número decimal e os quocientes que vão sendo obtidos, até que o quociente de uma das divisões seja menor que a base. O resultado é a sequência de baixo para cima do último quociente mais todos os restos obtidos.

Por exemplo:

1. Conversão de base decimal para base octal:

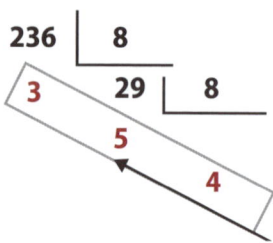

$(236)_{10} = (354)_8$

2. Conversão de base decimal para base hexadecimal:

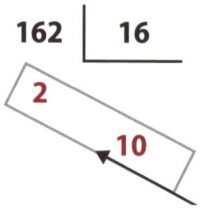

$(162)_{10} = (A2)_{16}$

> » **IMPORTANTE**
> Em hexadecimal, utilizamos a letra A para "10". Não se esqueça de converter os valores numéricos, de 10 a 15, para letras: A = 10, B = 11, C = 12, D = 13, E = 14 e F = 15.

Hexadecimal para decimal

Para esse tipo de conversão, é necessário primeiramente transformar cada dígito alfabético em número. Assim, utilizando o exemplo da conversão anterior, $(A2)_{16}$, a letra A será convertida para 10 e teremos os números 10 e 2.

Cria-se uma expressão aritmética cuja primeira parcela é 16^m vezes o primeiro coeficiente, onde m é o número de dígitos do número a ser convertido menos 1. Na próxima parcela, m vai diminuindo de 1 até chegar a zero na última parcela. Deverá haver um número de parcelas igual ao número de algarismos do número a ser convertido.

Por exemplo:

$(A2)_{16} = A \times 16^1 + 2 \times 16^0 = 10 \times 16^1 + 2 \times 16^0 = (162)_{10}$

Binário para octal e hexadecimal

Base binária para base octal e vice-versa

É preciso dividir o número binário de 3 em 3 bits, contando sempre da direita para esquerda, e trocar pelos valores da coluna "octal" da Tabela 1.1.

Tabela 1.1 » **Tabela de conversão**

Decimal	Binário	Octal
0	000	0
1	001	1
2	010	2
3	011	3
4	100	4
5	101	5
6	110	6
7	111	7

Por exemplo:

1. Veja como converter $(1111000111)_2$ na base octal:

    $(1111000111)_2 = (001|111|000|111)_2 = (1707)_8$

2. Veja como fazer o retorno do resultado obtido:

    $(1707)_8 = (001|111|000|111)_2 = (1111000111)_2$

3. Veja como converter $(010100110000)_2$ na base octal:

    $(010100110000)_2 = (010|100|110|000)_2 = (2460)_8$

Base binária para base hexadecimal e vice-versa

Para essa conversão, é necessário dividir o número binário de 4 em 4 bits, contando sempre da direita para esquerda, e trocar pelos valores da coluna "hexadecimal" da Tabela 1.2.

Por exemplo:

1. Veja como converter $(1010111100110111)_2$ na base hexadecimal:

1010	1111	0011	0111	É mais fácil trabalhar com um número hexadecimal como o AF37 do que com o binário 1010111100110111.
A	F	3	7	

    $(1010111100110111)_2 = (1010|1111|0011|0111)_2 = (AF37)_{16}$

2. Veja como fazer o retorno do resultado obtido:

    $(AF37)_{16} = (1010|1111|0011|0111)_2 = (1010111100110111)_2$

Tabela 1.2 » **Tabela de conversão**

Decimal	Binário	Hexadecimal
0	0000	0
1	0001	1
2	0010	2
3	0011	3
4	0100	4
5	0101	5
6	0110	6
7	0111	7
8	1000	8
9	1001	9
10	1010	A
11	1011	B
12	1100	C
13	1101	D
14	1110	E
15	1111	F

Base octal para base hexadecimal e vice-versa

Para conversão de base octal para base hexadecimal:

1. Converta de octal para binário.
2. Converta de binário para hexadecimal.

Para conversão de base hexadecimal para base octal:

1. Converta de hexadecimal para binário.
2. Converta de binário para octal.

» Proposições

Uma **proposição** é uma construção (sentença, frase, pensamento) à qual se pode atribuir juízo. No caso da lógica matemática, o tipo de juízo é o verdadeiro-falso, ou seja, o interesse é na "verdade" das proposições. Em informática, o valor lógico (V) é representado pelo número (1), e o valor lógico (F), pelo número (0).

As proposições podem ser simples (também chamadas de atômicas, pois não podem ser decompostas em proposições mais simples), ou compostas, utilizando operadores lógicos, também denominados conetivos.

> **» DEFINIÇÃO**
> Proposição é toda oração declarativa, de sentido completo, para a qual se associa apenas um dos dois atributos: verdadeiro ou falso.

» Proposições simples

A **proposição simples** não contém qualquer outra proposição como parte integrante de si mesma.

Por exemplo:

- Paulo é médico.
- $\sqrt{2} < 1$
- A impressora é um periférico.

» Agora é a sua vez!

3. Considerando que a = 4, b = 5 e c = 2, discuta com seu colega qual é o valor lógico resultante (V ou F) de cada proposição abaixo:

   a. a >= c

   b. b < a

   c. c − (b + a) >= (c * b)

» Proposições compostas

A **proposição composta** é formada por duas ou mais proposições simples unidas por conetivos, como "e", "ou", "se... então...", "se, e somente se," e "não".

Por exemplo:

- $\sqrt{2} < 1$ **ou** 7 <> 4
- **Se** Pedro é estudante, **então** lê livros.
- Pedro é inteligente **se**, **e somente se**, estuda.
- O sol é quadrado **e** a neve é branca.
- O computador **não** é barato.

>> Agora é a sua vez!

4. Considerando que a = 4, b = 5 e c = 2, apresente o valor de x. Se (a > b) ou (c < a), então x = b + (a/c), senão x = 10.

>> Operadores lógicos

As variáveis proposicionais são representadas por letras minúsculas para indicar as proposições simples.

Por exemplo:

p: A taxa de juros é alta.

q: O computador é caro.

Agora, considerando as proposições simples dadas acima, observe no Quadro 1.5 as representações simbólicas das proposições.

Quadro 1.5 >> Representações simbólicas das proposições

Proposição	Conetivo	Linguagem simbólica
A taxa de juros **não** é alta. O computador **não** é caro.	negação	~p ~q
A taxa de juros é alta **e** o computador é caro.	conjunção	p ∧ q
A taxa de juros é alta **ou** o computador é caro.	disjunção	p ∨ q
Se a taxa de juros é alta, **então** o computador é caro.	condicional	p → q
O computador é caro **se, e somente se**, a taxa de juros é alta.	bicondicional	q ↔ p

Ordem de precedência dos operadores lógicos

No intuito de reduzir o número de parênteses, simplificando visualmente as fórmulas, a seguinte ordem de precedência entre os conetivos é convencionada:

1. Conetivos entre parênteses, dos mais internos para os mais externos
2. Negação (~)
3. Conjunção (∧) e disjunção (∨)
4. Condição (→)
5. Bicondição (↔)

» Tabelas-verdade

Negação

A negação de uma proposição p consiste em negar sua informação. Dessa forma, caso a proposição p = Marcos é japonês, quando negada (~p, lê-se "não p") passa a ser ~p = Marcos não é japonês. Isso indica que, caso a proposição p seja verdadeira, ~p passa a ser falsa e vice-versa, como mostrado na tabela-verdade a seguir.

Seja p uma proposição simples, tem-se que:

p	~p
V	F
F	V

Conjunção

A conjunção de duas proposições p e q é verdadeira quando o valor lógico da proposição p é verdadeiro e o valor lógico da proposição q também é verdadeiro, ou seja, V(p) = V(q) = V, e falsa nos demais casos, como mostrado na tabela-verdade a seguir.

<u>Por exemplo</u>: Para imprimir uma foto, é necessário que se tenha papel especial **e** cartucho colorido.

Sejam as proposições simples:

p: Alex tem papel especial.
q: Alex tem cartucho colorido.

p	q	p ∧ q
V	V	V
V	F	F
F	V	F
F	F	F

Disjunção

A disjunção de duas proposições p e q é falsa quando V(p) = V(q) = F e verdadeira nos demais casos. Isto é, só será falsa quando ambas forem falsas, como pode ser observado na tabela-verdade a seguir.

Por exemplo: Para escrever um poema, é necessário que se tenha caneta **ou** lápis.

Sejam as proposições simples:

p: Alex tem caneta.
q: Alex tem lápis.

p	q	p ∨ q
V	V	V
V	F	V
F	V	V
F	F	F

» NO SITE
Não se esqueça de conferir as respostas das questões dos quadros "Agora é a sua vez!" no ambiente virtual de aprendizagem Tekne.

Condicional

O condicional de duas proposições p e q é falso quando V(p) = V e V(q) = F, e verdadeiro nos demais casos. A proposição p é chamada de **antecedente** e a proposição q é o **consequente** do condicional. Isto é, o condicional será falso se o antecedente for verdadeiro e o consequente falso, como mostrado na tabela-verdade a seguir.

Por exemplo: **Se** navegar na internet, **então** deverá responder uma pesquisa.

Sejam as proposições simples:

p: Mariana navegou na internet.
q: Mariana respondeu uma pesquisa.

p	q	p → q
V	V	V
V	F	F
F	V	V
F	F	V

Bicondicional

O bicondicional de duas proposições p e q é verdadeiro quando V(p) = V(q) e falso quando V(p) <> V(q), como pode ser observado na tabela-verdade a seguir.

Por exemplo: O lucro será máximo **se, e somente se,** todos os produtos forem vendidos.

Sejam as proposições simples:

p: A empresa XYZ teve lucro máximo.
q: A empresa XYZ vendeu todos os produtos.

p	q	p ↔ q
V	V	V
V	F	F
F	V	F
F	F	V

Construção de tabelas-verdade

Uma tabela-verdade deve conter todas as combinações possíveis dos valores lógicos das proposições simples componentes. Ou seja, cada proposição simples pode assumir dois valores lógicos: V e F. Assim, na tabela-verdade da negação (ilustrada anteriormente), por exemplo, duas linhas são suficientes para expressar os valores lógicos possíveis. No caso de tabelas com duas proposições simples, são necessárias quatro linhas (BLAUTH, 2013).

» APLICAÇÃO

Veja a seguir dois exemplos de como construir uma tabela-verdade.

1. p ∨ (~q)

p	q	~q	p ∨ (~q)
V	V	F	V
V	F	V	V
F	V	F	F
F	F	V	V

Observe que:

- A tabela tem 4 (2^2) linhas, pois se tratam de duas proposições simples.
- As duas primeiras colunas expressam as combinações possíveis de p e q.
- A terceira coluna e corresponde à negação de q, ou seja, à fórmula ~q.
- A quarta coluna corresponde à disjunção de p com ~q, ou seja, p ∨ ~q.

» APLICAÇÃO

2. $p \vee (q \wedge r) \leftrightarrow (p \vee q) \wedge (p \vee r)$

p	q	r	q ∧ r	p ∨ (q ∧ r)	p ∨ q	p ∨ r	(p ∨ q) ∧ (p ∨ r)	p ∨ (q ∧ r) ↔ (p ∨ q) ∧ (p ∨ r)
V	V	V	V	V	V	V	V	V
V	V	F	F	V	V	V	V	V
V	F	V	F	V	V	V	V	V
V	F	F	F	V	V	V	V	V
F	V	V	V	V	V	V	V	V
F	V	F	F	F	V	F	F	V
F	F	V	F	F	F	V	F	V
F	F	F	F	F	F	F	F	V

$p \vee (q \wedge r) \leftrightarrow (p \vee q) \wedge (p \vee r)$ tem três proposições simples. Dessa forma, a tabela-verdade tem 8 (2^3) linhas. Observe que a construção da tabela respeitou a ordem de precedência definida.

» Agora é a sua vez!

5. Construa a tabela-verdade de $(w \wedge t) \leftrightarrow \sim u$.

» Tipos de proposições compostas

São tipos de proposições compostas:

- A **tautologia**: é a proposição composta que, em sua tabela-verdade, resulta em valores lógicos todos verdadeiros, quaisquer que sejam os valores lógicos das proposições componentes.
- A **contradição**: é a proposição composta que, em sua tabela-verdade, resulta em valores lógicos todos falsos, quaisquer que sejam os valores lógicos das proposições componentes.
- A **contingência**: é a proposição composta que, em sua tabela-verdade, resulta em valores lógicos verdadeiros e falsos.

Implicação

Diz-se que uma proposição p *implica* uma proposição q (indica-se por p $\Rightarrow$ q) quando o condicional p $\to$ q for tautologia.

>> APLICAÇÃO

Verifique se p $\Rightarrow$ q $\to$ p.

Resolução. Tabela-verdade:

p	q	q $\to$ p	p $\to$ (q $\to$ p)
V	V	V	V
V	F	V	V
F	V	F	V
F	F	V	V

Conclusão: p $\Rightarrow$ q $\to$ p, pois o condicional p $\to$ (q $\to$ p) é tautologia.

Equivalência

Diz-se que uma proposição p *equivale* a uma proposição q (indica-se por p $\Leftrightarrow$ q) quando o bicondicional p $\leftrightarrow$ q for tautologia.

>> APLICAÇÃO

Verifique se p $\wedge$ q $\Leftrightarrow$ q $\wedge$ p:

Resolução. Tabela-verdade:

p	q	p $\wedge$ q	q $\wedge$ p	p $\wedge$ q $\leftrightarrow$ q $\wedge$ p
V	V	V	V	V
V	F	F	F	V
F	V	F	F	V
F	F	V	V	V

Conclusão: p $\wedge$ q $\Leftrightarrow$ q $\wedge$ p, pois o bicondicional p $\wedge$ q $\leftrightarrow$ q $\wedge$ p é tautologia.

» Atividades

1. Resolva as expressões aritméticas:

   a. $104 - 93 - 210 + 113$
   b. $36 - (19 - 8 + 2)$
   c. $61 - (-7) \times 5 - 2 \times 50$
   d. $28 - 4 \times (-6) + (-2) \times 7 - 15$
   e. $5 \times 12 - 47 - 3 \times (-2)$
   f. $-3 \times (-2) - (-3) \times 5 + 2 \times (-3)$
   g. $48 \div (-3) - (-2) \times 8$
   h. $5 \times (-12) - 64 \div (-8) + (-1)$
   i. $84 \div (-21) - (-19) + 2 \times (-7)$

2. Dados os números: $x = 1 - (4 + (4 - 2 - 5) - (-7 + 3))$ e $y = 2 - (7 - (-1 - 3 + 6) - 8)$. Calcule:

   a. $x + y$
   b. $x - y$
   c. $y - x$

3. Sendo $a = (-24) \div (-12) \div (-2)$ e $b = (-6 \div (-6)) \div (-1)$, atribua os valores lógicos de:

   a. $ab > 0$
   b. $a/b = 0$
   c. $a/b = ab$

4. Calcule:

   a. $x^3 + x^2$, quando $x = -5$
   b. $a^5 - 2^4$, quando $a = 2$
   c. $2x^2 + 5y^3$, quando $x = 4$ e $y = -2$

5. Sabendo que $a = (-1)^{50}$, $b = -(-1)^{50}$ e $c = -1^{50}$, calcule o valor número da expressão $ab + bc - ac$.

6. Dados os números $a = (-1)^{200}$, $b = (-1)^{199}$, $c = (+1)^{201}$, $d = -1^{100}$, responda:

   a. Quais desses números são inteiros positivos?
   b. Quais desses números são inteiros negativos?
   c. O produto ab é um número inteiro positivo ou negativo?
   d. O quociente $b \div d$ é um número inteiro positivo ou negativo?

7. Determine o valor de cada uma das seguintes expressões numéricas:

   a. $(-11)^2 - (-3) \times 40$
   b. $(-8)^2 - (-7)^2 - 10^0$
   c. $((-1)^7 \times 2^3)^2 \div (-4)^3$

8. Quais das sentenças abaixo são proposições?

    a. A lua é feita de queijo suíço.
    b. Ele é certamente um homem careca.
    c. Três é um número primo.
    d. O jogo de basquete vai acabar logo?
    e. $x^2 - 4 = 0$
    f. 3 é raiz de $x^2 - 4x + 3 = 0$.

9. Determine o valor lógico (V ou F) de cada uma das seguintes proposições:

    a. O número 11 é um número primo.
    b. Todo número divisível por 5 termina em 0.
    c. $-2 < 0$

10. Sejam as proposições:

    t: Paulo joga futebol
    u: Ana estuda Sistemas de Informação.
    z: A prova foi fácil.

    Escreva na linguagem usual:

    a. $t \wedge u$
    b. $u \vee \sim z$
    c. $u \to t$
    d. $\sim t \leftrightarrow u$
    e. $u \to (t \vee z)$

11. Escreva na linguagem simbólica:

    a. A prova foi fácil ou Paulo não joga futebol.
    b. Paulo joga futebol se, e somente se, Ana não estuda Sistemas de Informação.
    c. Se a prova não foi fácil, então Ana estuda Sistemas de Informação.
    d. Paulo joga futebol e a prova foi fácil se, e somente se, Ana não estuda informática.

12. Sabendo que $V(p) = F$ e $V(q) = V$, determine o valor lógico de cada uma das proposições:

    a. $p \wedge \sim q$
    b. $(\sim p \to q) \vee p$
    c. $\sim q \vee (\sim p \leftrightarrow q)$
    d. $\sim(p \wedge q) \to \sim q$

13. Construa as tabelas-verdade das seguintes proposições:

    a. p ∧ ~q
    b. (p → ~w) ∨ w
    c. t ∧ (~q ↔ ~t)
    d. (t ∧ ~q) ↔ ~t
    e. p ∨ q ↔ q ∨ p
    f. (t ∧ ~q) → ~t
    g. p ∨ q → q ∨ p
    h. q ∨ p → p ∨ q
    i. (p ∨ q) ∧ ~p → q
    j. q → (p ∨ q) ∧ ~p
    k. w → (~t ∧ s)
    l. ~t ∧ (s → w)
    m. (~a ↔ b) ∨ ~c

14. Converta binário em decimal:

    a. 1010
    b. 11000000
    c. 10111010
    d. 100
    e. 1001
    f. 100101

15. Converta decimal em binário:

    a. 172
    b. 1231
    c. 27
    d. 51
    e. 237
    f. 732

16. Efetue as operações com binários:

    a. 1100101 + 10111
    b. 10101 + 1111
    c. 1010101 − 10101
    d. 111000111 − 111001

17. Realize as conversões entre bases numéricas que se pedem:

    a. $(69)_{10} = (?)_{16}$
    b. $(100)_{10} = (?)_{16}$
    c. $(1037)_{10} = (?)_{16}$
    d. $(3156)_{10} = (?)_{16}$
    e. $(FACADA)_{16} = (?)_{2}$

f. $(100B0CA)_{16} = (?)_2$
g. $(1100000011001010110110101)_2 = (?)_{16}$
h. $(1111000011001010)_2 = (?)_{16}$
i. $(5C3)_{16} = (?)_{10}$
j. $(D0E)_{16} = (?)_{10}$
k. $(CA0)_{16} = (?)_{10}$
l. $(101011010)_2 = (?)_8$
m. $(51)_8 = (?)_{10}$
n. $(365)_{10} = (?)_8$
o. $(5107)_8 = (?)_2$

REFERÊNCIA

BRASIL. Ministério da Educação e Desporto. Departamento de Políticas do Ensino Superior. Diretrizes curriculares para cursos de computação e informática [1999]. Disponível em: http://www.inf.ufrgs.br/ecp/docs/diretriz.pdf >. Acesso em: 07 out. 2014.

LEITURAS RECOMENDADAS

BLAUTH, P. *Matemática discreta para computação e informática*. Porto Alegre: Bookman, 2013.

CROCE FILHO, R. D.; RIBEIRO, C. E. *Informática*: programação de computadores. São Paulo: Fundação Padre Anchieta, 2010.

DEGENSZAJN, D.; DOLCE, O.; IEZZI, G. *Matemática*: volume único. 5. ed. São Paulo: Atual, 2011.

FORBELLONE, A. L. V. *Lógica de programação*. 3. ed. São Paulo: Makron Books, 2005.

GERSTING, J. L. Lógica formal. In: _____. *Fundamentos matemáticos para a Ciência da Computação*: um tratamento moderno de matemática discreta. Rio de Janeiro: LTC, 2004.

OLIVEIRA, J. F.; MANZANO, J. A. N. G. *Estudo dirigido de algoritmos*. São Paulo: Érica, 1997.

OLIVEIRA, J. F.; MANZANO, J. A. N. G. *Algoritmos*: lógica para desenvolvimento de programação de computadores. São Paulo: Érica, 2012.

SOUZA, M. A. F.; GOMES, M. M.; SOARES, M. V. *Algoritmos e lógica de programação*. 2. ed. São Paulo: Cengage Learning, 2011.

>> capítulo 2

Teoria dos conjuntos

Conhecer os conceitos básicos da teoria dos conjuntos é fundamental, pois a maioria dos conceitos desenvolvidos em computação e informática, bem como os correspondentes resultados, é baseada em conjuntos ou construções sobre conjuntos. Portanto, neste capítulo estudaremos a definição de conjunto, elementos, conjuntos especiais, operações com conjuntos e cardinalidade, conteúdos matemáticos que encontram aplicações em banco de dados, construção de algoritmos, modelagem de sistemas, estruturas de dados e redes de computadores.

Bases Científicas
- >> Conjuntos: noção e primeiros conceitos
- >> Conjunto vazio e conjunto das partes
- >> Conjuntos numéricos
- >> Álgebra dos conjuntos
- >> Cardinalidade

Bases Tecnológicas
- >> Construção de algoritmos, fluxogramas e pseudocódigos
- >> Projeto de banco de dados
- >> Construção de tabelas de banco de dados
- >> Modelagem de dados
- >> Conceito de análise de sistema estruturado
- >> Modelagem e arquitetura de sistemas
- >> Conceitos de UML
- >> Conceitos de orientação a objetos
- >> Conceitos de sistemas de arquivos para servidores
- >> Serviços de diretório em servidores
- >> Serviços DNS, DHCP, compartilhamento de pastas e arquivos em servidores
- >> Topologias de redes e roteamento

Expectativas de Aprendizagem
- >> Reconhecer e utilizar a notação da teoria dos conjuntos.
- >> Determinar a união, a intersecção, a diferença e o complementar de conjuntos.
- >> Identificar o conjunto das partes de um conjunto finito.
- >> Resolver problemas utilizando a teoria dos conjuntos.

>> Introdução

>> CURIOSIDADE
A teoria dos conjuntos foi criada pelo matemático Georg Cantor. Em 1874, ele publicou um artigo no *Crelle's Journal*, marcando assim, o nascimento da teoria.

Conjunto é uma coleção de zero ou mais elementos distintos que não possuem qualquer ordem associada, ou seja, é a reunião de elementos que formam um todo, e nos dá a ideia de coleção. Assim, informalmente, um conjunto é uma coleção, sem repetições e sem qualquer ordenação, de objetos denominados **elementos**. Um banco de dados, por exemplo, é um conjunto de registros que tem como objetivo organizar e armazenar informações. Nesse caso, o banco de dados é o todo e o registro é o elemento.

Em informática, a teoria dos conjuntos pode ser utilizada nas mais diversas atividades, como na construção de álgebras booleanas (cerne da computação digital), na elaboração de banco de dados, na representação de modelos de sistemas e na representação de topologias de redes de computadores.

>> Conjuntos finitos e infinitos

>> DEFINIÇÃO
Conjuntos finitos são aqueles que podem ser denotados por extensão, ou seja, cujos elementos podem ser listados exaustivamente.

Segundo Blauth (2013), qualquer sistema computador possui limitações finitas em todos os seus principais aspectos como, por exemplo, tamanho da memória, número de instruções que pode executar, número de símbolos diferentes que pode tratar, etc. Portanto, o estudo dos conjuntos finitos é fundamental.

O fato de um sistema computador ter limitações finitas não implica uma limitação ou pré-fixação de tamanhos máximos. No que se refere à capacidade de armazenamento, por exemplo, um computador pode ter unidades auxiliares como discos removíveis, memória externa, etc. Assim, para um correto entendimento de diversos aspectos computacionais, frequentemente não é possível pré-fixar limites, o que implica tratar tais questões em um contexto infinito (BLAUTH, 2013).

>> DEFINIÇÃO
Conjuntos infinitos são aqueles que <u>não</u> podem ser denotados por extensão, ou seja, cujos elementos <u>não</u> podem ser listados exaustivamente.

No entanto, qualquer conjunto de recursos computacionais, finito ou infinito, é contável ou discreto (em oposição ao termo contínuo), pois seus elementos (recursos) podem ser enumerados ou sequenciados (segundo algum critério) de forma que não existe um elemento entre quaisquer dois elementos consecutivos da enumeração. Por exemplo, o conjunto dos números naturais é contável. Já o conjunto dos números reais não é contável nem discreto. Isso significa que existem conjuntos infinitos contáveis e conjuntos infinitos não contáveis (BLAUTH, 2013).

> **DICA**
>
> As linguagens de programação como Pascal, C e Java são linguagens sobre o alfabeto constituído por letras, dígitos e alguns símbolos especiais (como espaço, parênteses, pontuação, etc.). Cada programa na linguagem, então, corresponde a uma palavra sobre o alfabeto. Ou seja, uma linguagem de programação é definida por todos os seus programas possíveis. Portanto, Pascal, Java, C, bem como qualquer linguagem de programação de propósitos gerais, são conjuntos infinitos (BLAUTH, 2013).

Notação

Segundo Blauth (2013), a definição de um conjunto listando todos seus elementos é denominada **denotação por extensão** e é dada pela lista de todos seus elementos, em qualquer ordem (separados por vírgulas) e entre chaves.

Por exemplo:

A = {organizar, armazenar, informações}

Como podemos ver acima, geralmente indicamos um conjunto com uma letra maiúscula do nosso alfabeto. Para indicar a **pertinência** de um elemento em um conjunto, utilizamos o símbolo ∈, e o símbolo ∉ é utilizado para indicar que o elemento não pertence ao conjunto.

Por exemplo:

A = {organizar, armazenar, informações}

organizar ∈ A
representar ∉ A

Para descrever um conjunto e seus elementos, podemos enumerar os elementos ou dar uma propriedade que os caracterize. A regra vale para conjuntos finitos e infinitos.

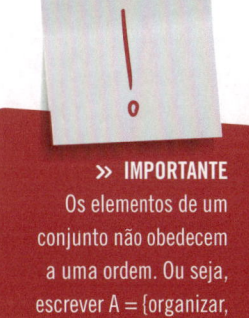

> **IMPORTANTE**
> Os elementos de um conjunto não obedecem a uma ordem. Ou seja, escrever A = {organizar, armazenar, informações} é o mesmo que escrever A = {armazenar, informações, organizar}.

> **ATENÇÃO**
> As reticências indicam que há mais elementos no conjunto.

Por exemplo:

1. Descrever o conjunto citando os elementos:

   a) Conjuntos finitos:
   - Conjunto das cores da bandeira do Brasil: A = {verde, amarelo, azul, branco}
   - Conjunto dos números pares de 1 a 51: B = {2, 4, 6, 8,..., 48, 50}

   b) Conjuntos infinitos:
   - Conjunto dos múltiplos inteiros de 7: C = {0, −7, 7, −14, 14, −21, 21, ...}
   - Conjunto dos números pares positivos não nulos: D = {2, 4, 6, 8, ...}

2. Descrever o conjunto por uma propriedade:

   $E = \{x \in \mathbb{N} \mid 2 < x < 9\}$

   (lê-se: x pertence ao conjunto dos números naturais tal que x é maior que 2 e menor que 9)

   Ou seja, E = {3, 4, 5, 6, 7, 8}.

Também podemos representar um conjunto de forma esquemática, utilizando o **diagrama de Venn**, que levam o nome de seu criador, John Venn, matemático e filósofo britânico do século XIX. Os diagramas de Venn são usados em matemática para simbolizar graficamente propriedades, axiomas e problemas relativos aos conjuntos e sua teoria. São feitos com coleções de curvas fechadas contidas em um plano, e o interior dessas curvas representa, simbolicamente, a coleção de elementos do conjunto.

> **ATENÇÃO**
> O diagrama de Venn é utilizado apenas para conjuntos finitos e discretos.

Por exemplo:

a) A = {5, 7, 9}

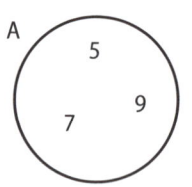

b) B = {6, 8, 9} e C = {1, 3, 5, 9}

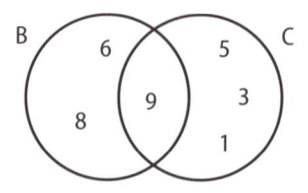

> **ATENÇÃO**
> Observe que, no exemplo b, 9 ocupa a área onde os dois círculos se sobrepõem, ou seja, é um elemento em comum dos dois conjuntos.

As figuras usadas em um diagrama de Venn podem ser diversas. Em geral, o conjunto universo (definido mais adiante) é representado por um retângulo, e os demais conjuntos por círculos, elipses, etc.

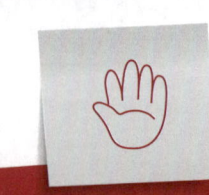

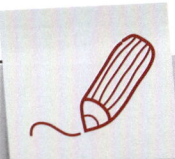

Agora é a sua vez!

Acesse o ambiente virtual de aprendizagem Tekne para ter acesso às respostas das questões dos quadros "Agora é a sua vez": www.bookman.com.br/tekne.

Considere seguintes conjuntos para resolver as questões a seguir:

a. Todos os números inteiros maiores do que 10.
b. A = {1, 3, 5, 7, 9, 11,...}
c. Todos os países do mundo.
d. A linguagem de programação Pascal.

1. Diga se é finito ou infinito.
2. Descreva cada conjunto de forma alternativa, utilizando outra notação.
3. Em relação ao conjunto da letra b, é correto dizer que $3 \in A$? E que $13 \notin A$?

Tipos de conjuntos

Conjunto unitário

O conjunto unitário é aquele que possui um único elemento.

Por exemplo:

Conjunto dos satélites naturais da Terra: A = {Lua}

Conjunto vazio

O conjunto vazio é o conjunto que não possui elementos.

Por exemplo:

Conjunto dos meses do ano com apenas 27 dias: B = { } ou B = Ø

Conjunto universo

O conjunto universo é a reunião de todos os conjuntos a serem estudados em um contexto específico. Quando falamos em uma estrutura de rede de computadores, por exemplo, podemos dizer que o conjunto universo será formado por todos os computadores que estão conectados nessa rede.

Uma vez definido o conjunto universo U, para qualquer conjunto A, tem-se que:

$A \subseteq U$

Os conjuntos A e B são ditos conjuntos iguais, o que é denotado por:

$A = B$

se e somente se possuem exatamente os mesmos elementos. Formalmente, afirma-se que:

$A = B$ se e somente se $A \subseteq B$ e $B \subseteq A$

EXEMPLOS

- Em biologia, o conjunto universo será todos os seres vivos.
- Com relação aos números naturais, o conjunto universo será todos os números inteiros positivos.

Agora é a sua vez!

4. Dê um exemplo de um conjunto unitário, de conjunto vazio e de um conjunto universo.

Subconjuntos e igualdade de conjuntos

Dizemos que os conjuntos A e B são iguais quando têm os mesmos elementos. Indicamos por A = B (lê-se: A é igual a B). Quando os conjuntos não são iguais, indicamos por A ≠ B (lê-se: A diferente de B).

Por exemplo:

Dados os conjuntos A = {3, 5, 7}, B = {7, 3, 5} e C = {3, 4, 5}, temos que A = B e A ≠ C ou B ≠ C.

Quando todos os elementos de um conjunto A pertencem também a outro conjunto B, diz-se que A é subconjunto de B. Indicamos por A ⊂ B (lê-se: A está contido em B).

Por exemplo:

Dados os conjuntos A = {3, 5} e B = {0, 1, 3, 5}, podemos escrever:

- A ⊂ B (lê-se: A está contido em B)
- B ⊃ A (lê-se: B contém A)

Veja no quadro a seguir outros símbolos utilizados na teoria dos conjuntos.

Quadro 2.1 » Símbolos utilizados na teoria dos conjuntos

Símbolo	Significado
⊂	está contido
⊄	não está contido
⊃	contém
⊅	não contém
∪	união
∩	intersecção
∃	existe
∄	não existe
∀	para todo (ou qualquer que seja)

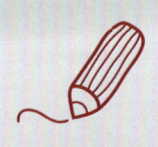

>> Agora é a sua vez!

5. Quais são todos os subconjuntos dos seguintes conjuntos?

   a. A = {a, b, c}
   b. B = { a, { b, c }, D } dado que D = { 1, 2}

>> Conjunto das partes

Dado um conjunto A, podemos formar um novo conjunto cujos elementos são todos os subconjuntos de A. Chamamos esse novo conjunto de **conjunto das partes**. Indicamos por: ℘(A) (lê-se: conjunto das partes de A).

Para determinar a quantidade de elementos do conjunto das partes de um conjunto A qualquer, calculamos 2^n, onde n é o número de elementos do conjunto A. Para qualquer conjunto A, os conjuntos ∅ e A sempre serão subconjuntos de A.

>> **IMPORTANTE**
Os elementos do conjunto das partes de um conjunto são conjuntos.

>> APLICAÇÃO

Dado o conjunto A = {2, 3, 5}, calcule quantos elementos há no conjunto das partes e determine ℘(A).

Resolução. Sendo n = 3, então $2^3 = 8$, ℘(A) tem 8 elementos:

℘(A) = {∅, {2}, {3}, {5}, {2,3}, {2,5}, {3,5}, {2,3,5}}

>> Agora é a sua vez!

6. Dado o conjunto B = {1, 5, 7, 8}, calcule quantos elementos tem o conjunto das partes e determine ℘(B).

Operações com conjuntos

As operações com conjuntos (álgebra de conjuntos) são importantes para a resolução de várias situações-problema em diversas áreas da matemática, como, por exemplo, na probabilidade.

Reunião ou união de conjuntos

Dados dois conjuntos A e B, chama-se de união de A e B o conjunto formado pelos elementos que pertencem a A ou a B. Indicamos por: A ∪ B (lê-se: A união B).

Relacionando com a lógica, a união corresponde à noção de disjunção. Ou seja, A ∪ B considera todos os elementos que pertencem ao conjunto A ou ao conjunto B. Observe que o símbolo de união ∪ lembra o símbolo de disjunção ∨ (BLAUTH, 2013).

Intersecção de conjuntos

A interseção dos conjuntos A e B é o conjunto formado pelos elementos que estão simultaneamente nos conjuntos A e B. Indicamos por: A ∩ B (lê-se: A inter B).

Relacionando com a lógica, a intersecção corresponde à noção de conjunção. Ou seja, A ∩ B considera todos os elementos que pertencem ao conjunto A e ao conjunto B. Observe que o símbolo de intersecção ∩ lembra o símbolo de conjunção ∧ (BLAUTH, 2013).

> **» IMPORTANTE**
> Se a intersecção dos conjuntos A e B for o conjunto vazio, dizemos que os conjuntos A e B são disjuntos.

Diferença de conjuntos

Chama-se diferença entre A e B o conjunto formado pelos elementos de A que não pertencem a B. Indicamos por: A − B.

Complementar de B em A

Dados os conjuntos A e B, tais que B ⊂ A, chama-se complementar de B em relação a A o conjunto A − B. Indicamos por: C_A^B ou $\overline{B}$. É importante observar que C_A^B só é definido quando B ⊂ A.

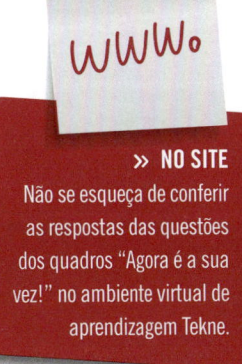

> **» NO SITE**
> Não se esqueça de conferir as respostas das questões dos quadros "Agora é a sua vez!" no ambiente virtual de aprendizagem Tekne.

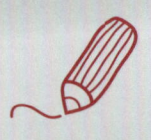

Agora é a sua vez!

7. Dados os conjuntos A = {0, 2} e B = {2, 3, 4, 5}, determine C = A ∪ B.
8. Dados os conjuntos A = {0, 2} e B = {2, 3, 4, 5}, determine C = A ∩ B.
9. Dados os conjuntos A = {0, 1, 2} e B = {1, 2, 4, 5, 6}, determine A − B.

Conjuntos numéricos fundamentais

Um conjunto cujos elementos são números é chamado de **conjunto numérico**. Existem infinitos conjuntos numéricos, dentre os quais temos os conjuntos numéricos fundamentais, explicados a seguir.

Conjunto dos números naturais

O conjunto dos números naturais é aquele formado pelos números 0, 1, 2, 3, ..., cuja notação é:

$$\mathbb{N} = \{0, 1, 2, 3, 4, 5, ...\}$$

Conjunto dos números inteiros

O conjunto dos números inteiros é aquele formado por todos os naturais e seus opostos, incluindo o zero. Sua notação é:

$$\mathbb{Z} = \{..., -3, -2, -1, 0, 1, 2, 3, ...\}$$

Subconjuntos notáveis de $\mathbb{Z}$:

- Conjunto dos inteiros não negativos: $\mathbb{Z}_+ = \{0, 1, 2, 3, ...\} = \mathbb{N}$
- Conjunto dos inteiros não positivos: $\mathbb{Z}_- = \{..., -3, -2, -1, 0\}$
- Conjunto dos inteiros não nulos: $\mathbb{Z}^* = \{..., -3, -2, -1, 1, 2, 3, ...\}$

> **DICA**
> $\mathbb{N} \subset \mathbb{Z}$

» Conjunto dos números racionais

Um número racional é aquele que pode ser escrito na forma de uma fração, onde p e q são números inteiros e q ≠ 0.

$$\mathbb{Q} = \{x \mid x = \frac{p}{q} \text{ com } p \in \mathbb{Z} \text{ e } q \in \mathbb{Z}^*\}$$

> » **IMPORTANTE**
> Toda dízima periódica é um número racional, pois é sempre possível escrever uma dízima periódica como uma fração. Por exemplo: $0{,}444\ldots = \frac{4}{9}$.

Subconjuntos notáveis de $\mathbb{Q}$:

- $\mathbb{Q}_+$: conjunto dos racionais não negativos
- $\mathbb{Q}_-$: conjunto dos racionais não positivos
- $\mathbb{Q}^*$: conjunto dos racionais não nulos

Observe que todo número racional pode ser escrito na forma de número decimal. Dado um número racional na forma de fração $\frac{p}{q}$, basta dividir p por q e obter um número na forma decimal.

» Conjunto dos números irracionais

Os números irracionais são aqueles cuja representação decimal com infinitas casas decimais não é periódica.

$$\mathbb{I} = \{x \mid x \text{ é uma dízima não periódica}\}$$

» EXEMPLO

- $\pi = 3{,}1415926\ldots$ (o número pi é a razão entre o comprimento de qualquer circunferência e o seu diâmetro)
- $2{,}010010001000001\ldots$
- $\sqrt{5} = 2{,}23606\ldots$

» Conjunto dos números reais

O conjunto dos números reais é formado por todos os números do conjunto $\mathbb{Q}$ (decimais exatos e dízimas periódicas) e por todos os números do conjunto $\mathbb{I}$ (decimais não exatos e dízimas não periódicas).

$$\mathbb{R} = \{x \mid x \text{ é racional ou } x \text{ é irracional}\}$$

> » **DICA**
> $\mathbb{N} \subset \mathbb{Z} \subset \mathbb{Q} \subset \mathbb{R}$

Subconjuntos notáveis de $\mathbb{R}$:

- $\mathbb{R}_+$: conjunto dos reais não negativos
- $\mathbb{R}_-$: conjunto dos reais não positivos
- $\mathbb{R}^*$: conjunto dos reais não nulos

>> Intervalos

Dados dois números reais p e q, chamamos de **intervalo** o conjunto de todos números reais compreendidos entre p e q, podendo incluir p e q. Os números p e q são os limites do intervalo, sendo a diferença p – q chamada de amplitude do intervalo.

O Quadro 2.2 define os diversos tipos de intervalos.

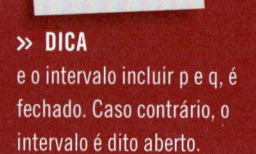

>> **DICA**
e o intervalo incluir p e q, é fechado. Caso contrário, o intervalo é dito aberto.

Quadro 2.2 >> Tipos de intervalos

Intervalo	Representações	Observação
Fechado	$[p, q] = \{x \in \mathbb{R}; p \leq x \leq q\}$	Inclui os limites p e q
Aberto	$]p, q[= \{x \in \mathbb{R}; p < x < q\}$	Exclui os limites p e q
Fechado à esquerda e aberto à direita	$[p, q[= \{x \in \mathbb{R}; p \leq x < q\}$	Inclui p e exclui q
Fechado à direita e aberto à esquerda	$]p, q] = \{x \in \mathbb{R}; p < x \leq q\}$	Exclui p e inclui q
Semifechado à esquerda	$[p, \infty[= \{x \in \mathbb{R}; x \geq p\}$	Valores maiores ou iguais a p
Semifechado à direita	$]-\infty, q] = \{x \in \mathbb{R}; x \leq q\}$	Valores menores ou iguais a q
Semiaberto à direita	$]-\infty, q[= \{x \in \mathbb{R}; x < q\}$	Valores menores do que q
Semiaberto à esquerda	$]p, \infty[= \{x \in \mathbb{R}; x > p\}$	Valores maiores do que p

» APLICAÇÃO

Dados os intervalos A = [4, 8[e B =]2, 5[, determine A ∪ B e A ∩ B.

Resolução. Vamos representar os intervalos na reta real:

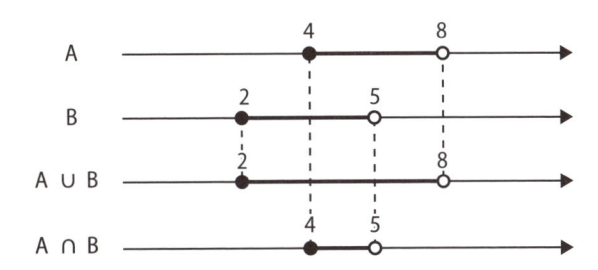

```
                    4        8
    A          ●────────○
              2         5
    B          ●────────○
              2         8
    A ∪ B      ●────────○
              4    5
    A ∩ B      ●────○
```

Assim, A ∪ B =]2, 8[E A ∩ B = [4,5[.

» IMPORTANTE

Observe que o conjunto dos números reais (ℝ) pode ser representado na forma de intervalo como ℝ =] – ∞; + ∞ [.

» Cardinalidade

Dado um conjunto finito T, podemos indicar um elemento como sendo o primeiro (t_1), outro como sendo o segundo (t_2) e assim por diante, até o último elemento (t_k). Dizemos que o número de elementos de um conjunto finito é a **cardinalidade do conjunto**. Nesse caso, esse conjunto teria cardinalidade k.

Se o conjunto T for infinito, podemos ainda ser capazes de indicar o primeiro elemento, o segundo e assim por diante. Esse conjunto infinito é chamado de **enumerável**. É o caso, por exemplo, do conjunto dos números naturais.

Já os conjuntos não enumeráveis são tão grandes que não somos capazes de contar os elementos – como acontece com o conjunto dos números reais.

≫ APLICAÇÃO

Dois conjuntos A e B têm 40 elementos em comum. Se A tem 100 elementos e B tem 60, quantos elementos têm A e B juntos?

Resolução. Sabemos que os conjuntos A e B têm 40 elementos em comum, então indicamos por $n(A \cap B) = 40$ e representamos no diagrama:

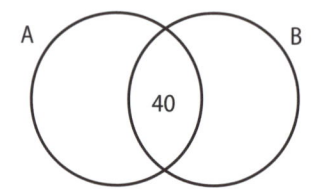

O conjunto A tem 100 elementos – indicamos por $n(A) = 100$, subtraímos o número de elementos em comum ($100 - 40 = 60$) e descobrimos o número de elementos que pertencem somente ao conjunto A.

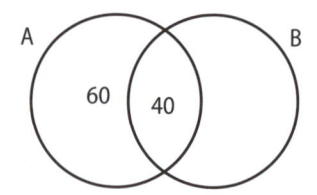

O conjunto B tem 60 elementos – indicamos por $n(B) = 60$, subtraímos o número de elementos em comum ($60 - 40 = 20$) e descobrimos o número de elementos que pertencem somente ao conjunto B.

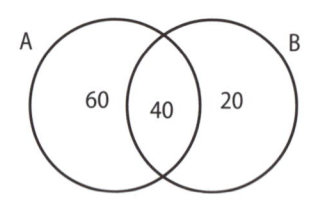

Assim, os conjuntos A e B têm, juntos, 120 elementos. Indicamos por $n(A \cup B) = 120$. Algebricamente, podemos escrever da seguinte forma:

$n(A \cup B) = n(A) + n(B) - n(A \cap B)$

$120 = 100 + 60 - 40$

>> Atividades

1. Classifique os conjuntos abaixo em vazio, finito ou infinito:

   B = {0, 1, 2,..., 90}
   C = {x/x é um número negativo}
   E = {x/x é um número ímpar, solução da equação $x^2 = 4$}

2. Sejam A = {x/x é um número par compreendido entre 5 e 17}, B = {x/x é um número par menor que 19} e C = {x/x é um número par diferente de 4}. Usando os símbolos ⊂ e ⊄, relacione entre si os conjuntos:

   a. A e B
   b. A e C
   c. B e C

3. Sendo A = {0, 1, 2, 5}, B = {0, 2, 5, 6}, C {x/x é par positivo menor que 12} e D = {x/x é número ímpar compreendido entre 2 e 10}, determine:

   a. A ∪ B
   b. B ∪ C
   c. A ∪ C
   d. B ∪ D
   e. A ∪ D

4. Dados A = {0, 2, 1, 7} e B = {7, 1, 6, 3}, determine:

   a. A ∪ B
   b. A ∩ B
   c. A – B
   d. B – A

5. Dados A = {1, 4, 7}, B = {0, 3, 1, 9} e D = {3}, determine:

   a. A ∪ (B ∩ D)
   b. A ∩ (B ∪ D)
   c. A – (B ∪ D)
   d. B – (A – D)

6. Dados A = {0, 2, 3, 4}, B = {2, 3, 4} e C = {3, 4, 5, 6}, determine:

   a. A – B
   b. A – C
   c. B – C
   d. (A ∩ B) – C
   e. (A – C) ∩ (B – C)
   f. A – ∅

7. Dados $M = \{x|x \in \mathbb{R} \text{ e } 1 \leq x \leq 6\}$ e $S = \{x|x \in \mathbb{R} \text{ e } 2 \leq x \leq 8\}$:

   a. Calcule M – S
   b. Calcule S – M
   c. Determine os números inteiros que pertencem ao conjunto M ∩ S.
   d. Determine os números inteiros que pertencem ao conjunto M ∪ S.

8. Considere o conjunto A = {0, 1, 2, 3, 4, 5, 6, 7, 8, 9} e determine:

   a. O número de subconjuntos de A
   b. ℘(A)

9. Dos 200 computadores de uma rede, 90 possuem o sistema operacional Windows, 70 possuem o sistema operacional Linux e 30 possuem os dois sistemas operacionais em Dual Boot. Quantos computadores podem executar:

   a. Aplicativos para Windows ou Linux?
   b. Somente aplicativos para um dos dois sistemas operacionais?
   c. Aplicativos para sistemas operacionais diferentes dos dois citados?

10. Em uma pesquisa feita com pessoas que foram aprovadas em três concursos A, B e C, obtiveram-se os resultados tabelados a seguir:

Concursos	Número de aprovados
A	170
B	150
C	100
A e B	45
A e C	30
B e C	35
A, B e C	10

    a. Quantas pessoas fizeram os três concursos?
    b. Quantos candidatos foram aprovados em somente um dos três concursos?
    c. Quantos candidatos foram aprovados em pelo menos dois concursos?
    d. Quantos candidatos foram aprovados nos concursos A e B e não no C?

11. Represente, na reta real, os intervalos:

    a. [2, 8[
    b. [–∞, 2]
    c.]1, 5[
    d. [–6, –1[
    e. $\{x \in \mathbb{R} / 2 \leq x \leq 5\}$
    f. $\{x \in \mathbb{R} / -2 \leq x \leq 2\}$
    g. $\{x \in \mathbb{R} / 3 < x \leq 7\}$
    h. $\{x \in \mathbb{R} / x < 1\}$

12. Dados A = [2 , 7], B = [−1, 5] e E = [3, 9[, calcule:

    a. A − B
    b. B − A
    c. A − E
    d. E − B
    e. A ∪ B
    f. B ∩ E
    g. A ∪ E ∩ B

REFERÊNCIA

BLAUTH, P. *Matemática discreta para computação e informática*. Porto Alegre: Bookman, 2013.

LEITURAS RECOMENDADAS

FORBELLONE, A. L. V. *Lógica de programação*. 3. ed. São Paulo: Makron Books, 2005.

OLIVEIRA , J. F.; MANZANO , J. A. N. G. *Algoritmos*: lógica para desenvolvimento de programação de computadores. São Paulo: Érica, 2012.

PIVA, G. D.; OLIVEIRA, W. J. *Análise e gerenciamento de dados*. São Paulo: Fundação Padre Anchieta, 2010.

RANGEL NETTO, J. L. M.; CERQUEIRA, R. F. G.; CELES FILHO, W. Introdução à estrutura de dados. Rio de Janeiro: Campus, 2004.

RÉU JÚNIOR, E. F. *Redes e manutenção de computadores*. São Paulo: Fundação Padre Anchieta, 2010.

SOUSA, L. B. *Projetos e implementação de redes*: fundamentos, arquiteturas, soluções e planejamento. 3. ed. São Paulo: Érica, 2013.

WAZLAWICK , R. S. *Análise e projeto de sistemas de informação orientados a objetos*. 2. ed. Rio de Janeiro: Campus, 2010.

capítulo 3

Relações e funções

Em computação e informática, muitas construções são baseadas em relações ou conceitos derivados (como funções). Neste capítulo, faremos um breve estudo sobre relações e funções e apresentaremos suas principais aplicações na informática.

Bases Científicas
- Relações binárias
- Função: conceito e propriedades
- Função composta
- Função inversa
- Funções de hash
- Funções recursivas

Bases Tecnológicas
- Funções predefinidas de linguagem de programação
- Criação de funções em programação de computadores
- Comandos de entrada, processamento e saída
- Comandos de controle de fluxo
- Operadores relacionais, aritméticos e lógicos
- Estruturas de controle
- Acesso a banco de dados
- Bancos de dados relacionais
- Modelo lógico: regras de derivação e regras de restrição (DER e MER)
- Linguagem de manipulação de dados (DML)
- Integridade relacional
- Projeto lógico de banco de dados
- Funções da linguagem SQL
- Funções de sistemas operacionais
- Projeto de desenvolvimento de programas para web
- Instalação de sistemas para virtualização de servidores web
- Configuração de serviços de servidores
- Rede (sockets, internet e *web services*)
    - Sockets TCP/IP e UDP/IP
    - Requisições HTTP
- Segurança digital
    - Criptografia
    - Certificado e assinatura digital

Expectativas de Aprendizagem
- Reconhecer os conceitos de relação e de função.
- Identificar de que forma esses conceitos são aplicados na informática.
- Diferenciar as propriedades e os tipos de funções.

>> Introdução

Em informática, o conceito de relações é utilizado com frequência, principalmente em programas que realizam operações distintas, baseadas no resultado de comparações entre objetos relacionados entre si. Algumas dessas operações geralmente utilizam comandos condicionais para realizarem a comparação ("se", então", "senão"), como, por exemplo, em um algoritmo que compara o salário de um funcionário com o tempo em que ele trabalha na empresa, para determinar diferentes formas de cálculo de reajuste. Para resolvê-lo, deve-se considerar que uma empresa X dará uma bonificação salarial de 10% para funcionários que possuam o tempo de trabalho na empresa maior do que 5 anos e ganhem menos de R$ 2.000,00:

INÍCIO ALGORITMO
SE (Tempo>5) E (Salário < 2000,00) ENTÃO
    Salário <-- Salário + 10%
FIM SE
FIM ALGORITMO

Nesse caso, o cálculo é determinado pelo resultado da comparação entre o salário e o tempo trabalhado de um funcionário. Esses dois dados (salário e tempo), são objetos que estão diretamente relacionados entre si, pois fazem parte de um conjunto de informações do mesmo funcionário.

Em um banco de dados relacional, essas relações ficam mais evidentes, considerando-se que uma base de dados é formada por relações entre diferentes conjuntos. Um exemplo é a relação entre os objetos "clientes-produtos-compras-despesas", no qual é possível observar a relação direta entre os objetos citados, uma vez que o "cliente" realiza a "compra" de um "produto", gerando uma "despesa". Um banco de dados relacional é formado pelas relações entre suas diferentes tabelas (objetos). Assim, utilizam-se regras para definir as possíveis relações.

Vejamos na figura a seguir uma representação gráfica do exemplo citado.

> **» DICA**
> As relações podem também ser observadas entre os diferentes objetos de um programa desenvolvido em linguagem de programação Java, que utiliza a Programação Orientada a Objetos (POO) como fundamento.

> **» DEFINIÇÃO**
> Um **banco de dados relacional** é um banco de dados cujos dados são conjuntos (representados como tabelas) que são relacionados com outros conjuntos (tabelas).

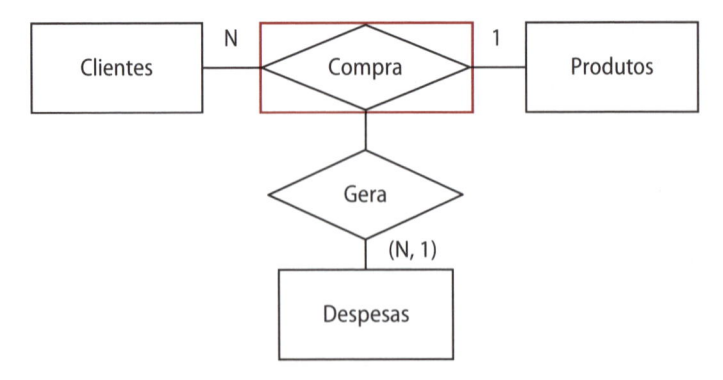

Figura 3.1 Modelo relacional entre objetos.
Fonte: Autores.

> **IMPORTANTE**
>
> Segundo Blauth (2013), bancos de dados são comuns na maioria das aplicações computacionais de algum porte ou de razoável complexidade (em termos dos dados), pois, além de permitirem manipular os dados com maior eficiência e flexibilidade, atendem a diversos usuários e garantem a integridade (consistência) dos dados.

O conceito de funções também é amplamente utilizado em informática e pode variar de acordo com sua aplicação, como:

- Funções de entrada e saída de informações em um algoritmo ou programa.
- Funções de criptografia, utilizadas na segurança de informações.
- Funções de conversão de tipo ou de conversão numérica, utilizadas para variáveis e cálculos.
- Funções de armazenamento, organização e recuperação de dados (hashing).
- Funções recursivas.

Relações

De acordo com Blauth (2013), além de frequentemente usado no cotidiano, o conceito intuitivo de relação também é usual na matemática e, consequentemente, na computação e na informática. Considerando os conteúdos dos dois primeiros capítulos, são exemplos de relações:

1. Lógica
   - Equivalência
   - Implicação

2. Teoria dos conjuntos
   - Igualdade
   - Continência

Essas relações são ditas binárias, pois relacionam dois elementos de cada vez (veja mais detalhes na seção "Relação binária"). Seguindo o mesmo raciocínio, existem relações ternárias, quaternárias, unárias, etc.

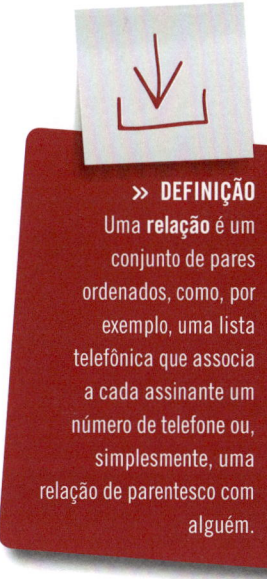

> **DEFINIÇÃO**
> Uma **relação** é um conjunto de pares ordenados, como, por exemplo, uma lista telefônica que associa a cada assinante um número de telefone ou, simplesmente, uma relação de parentesco com alguém.

As relações são utilizadas para resolução de problemas complexos por meio de modelos e gráficos, facilitando o entendimento do problema e tornando mais clara e objetiva sua resolução.

» Par ordenado

No cotidiano, utilizamos a palavra "par" constantemente. Por exemplo, "Beatriz e Heitor formaram um par para dançar uma valsa". Aqui, o par Beatriz e Heitor, ou o par Heitor e Beatriz, estão se referindo a mesma dupla de pessoas. Entretanto, na matemática, precisamos definir o par ordenado, no qual a ordem é importante para satisfazer alguma relação que outro par não satisfaça.

Por exemplo:

O sistema de equações $\begin{cases} x + y = 6 \\ x - y = 2 \end{cases}$ admite como solução x = 4 e y = 2. Então, dizemos que o par (4, 2) é solução do sistema, enquanto o par (2, 4) não é solução do sistema.

É necessário definir o par ordenado, pois é preciso subentender que o primeiro elemento do par diz respeito à incógnita x, e o segundo elemento diz respeito à incógnita y. Dessa forma, um **par ordenado** é um conjunto formado por dois elementos, de modo que:

$$(a, b) = (c, d) \Leftrightarrow a = c \text{ e } b = d$$

Podemos representar um par ordenado em um plano cartesiano, conforme a Figura 3.2.

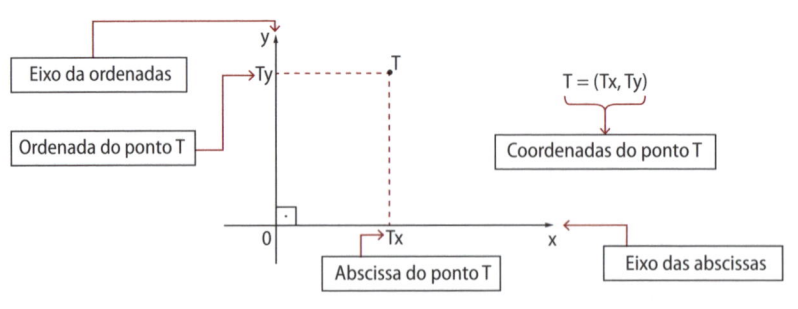

Figura 3.2 Par ordenado em um plano cartesiano.
Fonte: Autores.

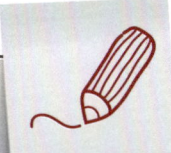

>> Agora é a sua vez!

Acesse o ambiente virtual de aprendizagem Tekne para ter acesso às respostas das questões dos quadros "Agora é a sua vez": **www.bookman.com.br/tekne**.

1. Dê as coordenadas dos pontos A, B, C e D.

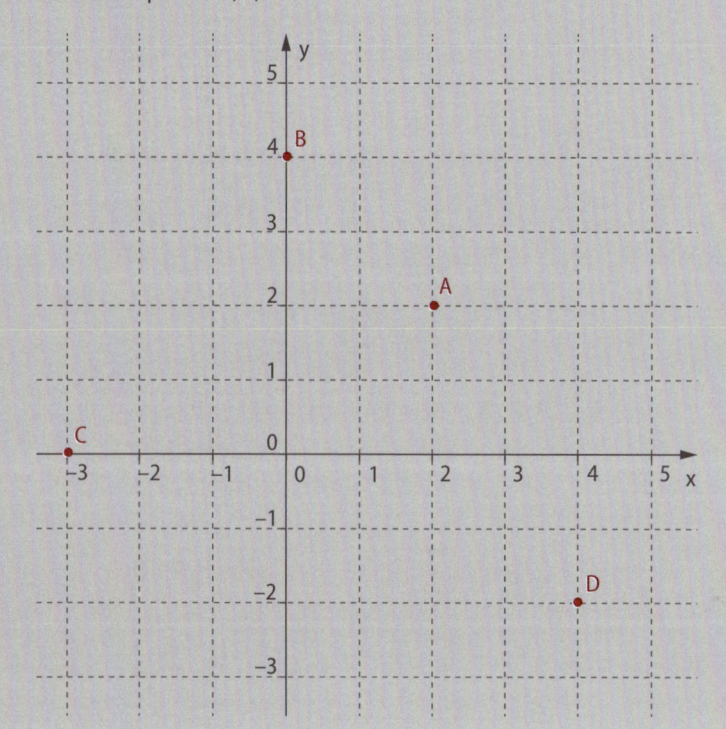

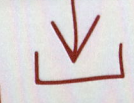

>> Produto cartesiano

Dados dois conjuntos, A e B não vazios, chama-se de produto cartesiano de A por B o conjunto A × B (lê-se: "A cartesiano B" ou "produto cartesiano de A por B") cujos elementos são todos os pares ordenados nos quais o primeiro elemento pertence ao conjunto A e o segundo elemento pertence ao conjunto B.

Por exemplo:

Dados os conjuntos A = {6, 7} e B = {3, 4, 5}, vamos representar A × B e B × A pelos elementos e pelo gráfico:

>> **DEFINIÇÃO**
Produto cartesiano é uma operação binária que, quando aplicada a dois conjuntos A e B, resulta em um conjunto constituído de sequências de duas componentes, sendo que a primeira componente de cada sequência é um elemento de A, e a segunda componente, um elemento de B.

Elementos:

- A × B = {(6, 3), (6, 4), (6, 5), (7, 3), (7, 4), (7,5)}
- B × A = {(3,6), (3,7), (4,6), (4,7), (5,6), (5,7)}

Gráficos:

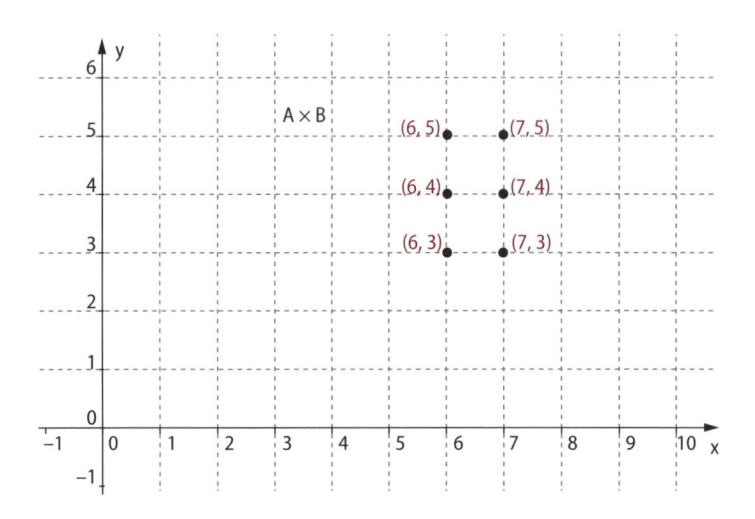

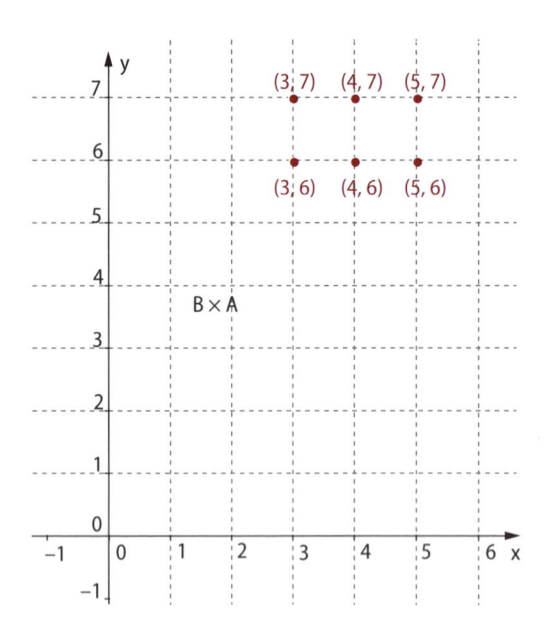

» Agora é a sua vez!

2. Dados os conjuntos C = {1, 3, 5} e D = {1, 3}, represente, pelos elementos e pelo gráfico, o produto D × C.
3. Dados os conjuntos A = {x ∈ $\mathbb{R}$ | 2 ≤ x < 4} e B = {−1}, represente, pelos elementos e pelo gráfico, A × B.
4. Dados os conjuntos C = {x ∈ $\mathbb{R}$ | 3 ≤ x ≤ 6} e D = {y ∈ $\mathbb{R}$ | 1 ≤ y < 3}, represente, pelos elementos e pelo gráfico, C × D.

» Relação binária

Considere os conjuntos A = {3, 6, 9} e B = {1, 2, 4}. O produto cartesiano de A por B é o conjunto A × B = {(3,1), (3,2), (3,4), (6,1), (6,2), (6,4), (9,1), (9,2), (9,4)}.

Agora, considere o conjunto dos pares ordenados (x, y) de A × B de modo que x é o triplo de y. Assim, temos:

$$R = \{(x,y) \in A \times B \mid x = 3y\} = \{(3,1), (6,2)\}$$

R é chamado de relação binária de A em B. O conjunto R está contido em A × B e é formado por pares (x, y), em que o elemento x de A é associado ao elemento y de B por meio de uma **lei de correspondência**. No caso apresentado, a lei de correspondência é x = 3y. A relação pode ser representada por um diagrama de Venn. Observe:

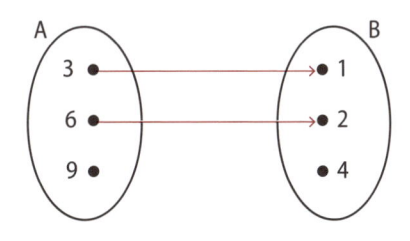

O conjunto formado por todos os primeiros elementos da relação é chamado de **domínio** (D) da relação, e o conjunto B, de **contradomínio** (CD). Os elementos de B que pertencem à relação R são chamados de **imagem** (Im) da relação. Ou seja, nesse caso, temos D = {3, 6}, CD = {1, 2, 4} e Im = {1, 2}.

> » **DICA**
> Uma relação pode ser representada usando-se diagrama de Venn. Nesse caso, dois elementos relacionados são ligados por uma seta, com origem no domínio da relação e destino no contradomínio.

> **DICA**
> O conjunto domínio também pode ser chamado de origem ou conjunto de partida, e o conjunto contradomínio também é conhecido como codomínio, destino e conjunto de chegada.

Dito de outro modo:

Suponha A e B conjuntos. Uma relação (R) de A em B é um subconjunto de um produto cartesiano A × B, ou seja:

$$R \subseteq A \times B$$

sendo que:

A é denominado domínio de R
B é denominado contradomínio de R

>> Agora é a sua vez!

5. Dados os conjuntos A = {–2, –1, 0 , 1} e B = {–3, –2, 0, 1} e a relação $\mathbb{R}$ = {(x,y) ∈ A × B|y = x –1}, determine:

   a. os pares ordenados da relação R.
   b. o conjunto domínio e o conjunto imagem.

>> Função

O conceito de função é muito utilizado no cotidiano. Em uma revista especializada em Tecnologias da Informação e Comunicação (TIC), por exemplo, podemos encontrar, em uma matéria sobre consumo de banda larga, uma frase como: "O consumo de banda larga depende da oferta de pacotes das operadoras de telefonia do país" ou "O consumo de banda larga é função da oferta de pacotes das operadoras de telefonia do país". Essa relação funcional pode ser observada no gráfico da figura a seguir.

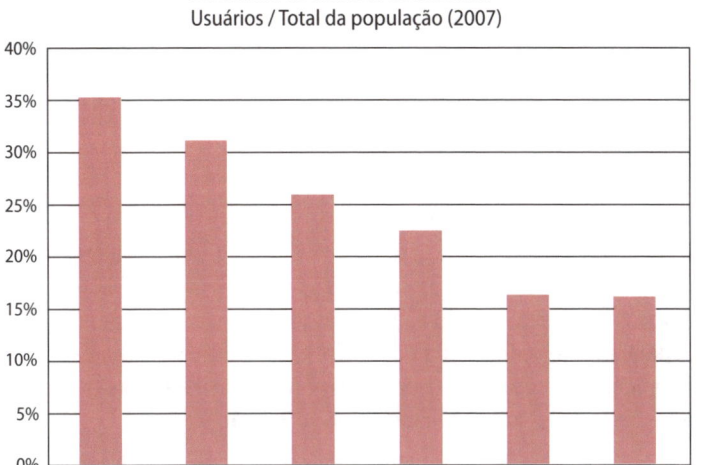

Percentual de usuários de Internet:
Usuários / Total da população (2007)

Figura 3.3 Relação funcional: usuários de internet e consumo de banda larga.
Fonte: Rede Inteligente (2010).

> » **DEFINIÇÃO**
> A **função** é um caso particular de relação binária: cada elemento do domínio está relacionado com, no máximo, um elemento do contradomínio.

Dados dois conjuntos A e B não vazios e uma relação binária (f) de A em B, dizemos que essa relação é função definida em A com imagens em B se, e somente se, para todo x ∈ A existe um só y ∈ B tal que (x,y) ∈ f.

$$f: A \to B$$

(lê-se: f é função de A em B)

$$y = f(x)$$

(lê-se: y é função de x, com x ∈ A e y ∈ B)

Podemos representar uma função com um diagrama de Venn (veja a seguir). Devem ser satisfeitas algumas condições para que uma relação (R) seja função (f):

- R é função de A em B se todo elemento x ∈ A participa de pelo menos um par (x, y). Ou seja, de todo elemento de A deve sair uma flecha.

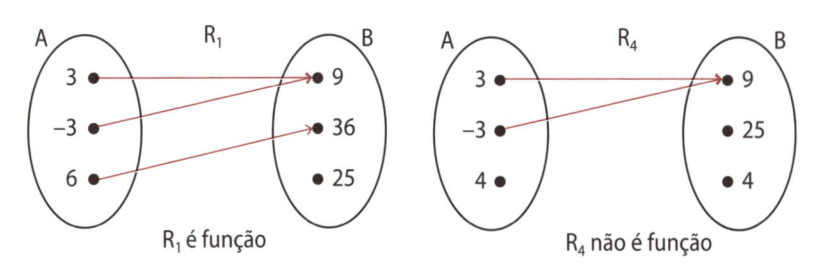

R_1 é função

R_4 não é função

- R é função de A em B se cada elemento x ∈ A participa de apenas um único par (x, y). Ou seja, de cada elemento de A deve sair uma única flecha.

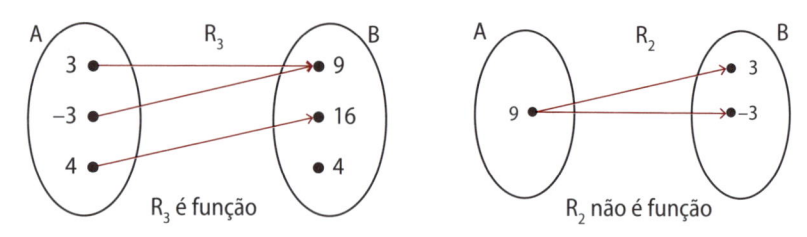

R_3 é função

R_2 não é função

Como toda função f de A em B é uma relação binária, toda função tem domínio, contradomínio e imagem. O conjunto de partida das flechas é chamado de domínio, o conjunto de chegada é chamado de contradomínio e a imagem é subconjunto do contradomínio, como já vimos na seção "Relação binária".

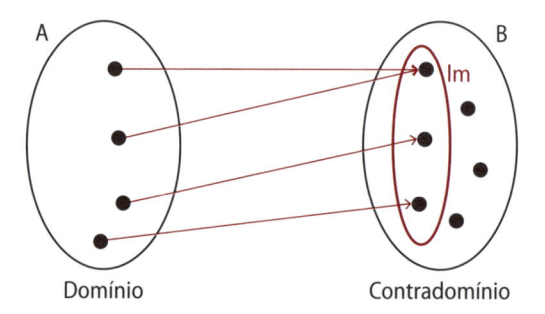

» Propriedades de funções

Função sobrejetora

Uma função é dita sobrejetora quando o conjunto imagem coincide com o contradomínio.

Por exemplo:

Considere os conjuntos A = {−3, −1, 0, 3} e B = {0, 1, 9} e a função f: A → B, onde $y = x^2$ para x ∈ A e y ∈ B. Dizemos que essa função é sobrejetora, pois o conjunto imagem é igual ao contradomínio.

Veja no diagrama a seguir que "chegam flechas" em todos os elementos do conjunto B.

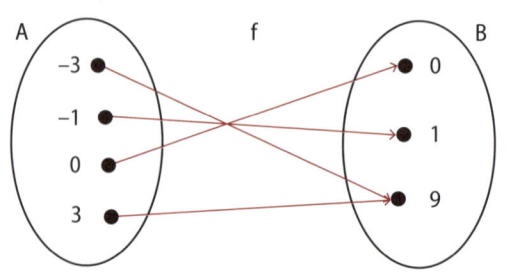

Função injetora

Uma função é dita injetora quando nenhum elemento do contradomínio é imagem de dois elementos distintos do domínio.

Por exemplo:

Considere os conjuntos A = {−4, −3, 1, 2} e B = {−6, −4, 2, 4, 6} e a função f: A → B, onde y = 2x + 2 para x ∈ A e y ∈ B. Dizemos que essa função é injetora, pois, para qualquer elemento distinto do conjunto A, correspondem elementos distintos do conjunto B. Veja, no diagrama a seguir, que não existem duas ou mais flechas que "chegam" em um mesmo elemento de B.

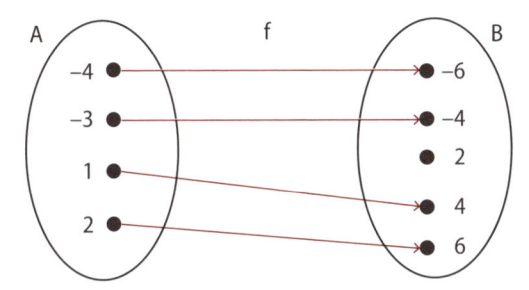

Funções bijetoras

Uma função é dita bijetora quando ela é injetora e sobrejetora ao mesmo tempo.

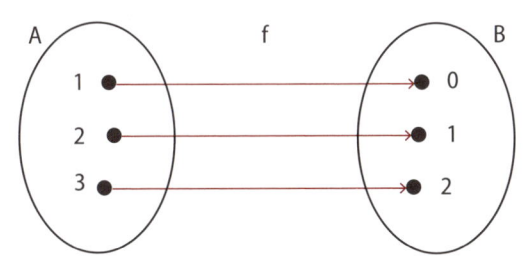

Por exemplo:

Considere os conjuntos A = {1, 2, 3} e B = {0, 1, 2} e a função f: A → B, onde y = x − 1 para x ∈ A e y ∈ B. Dizemos que essa função é bijetora, pois, para qualquer elemento distinto do conjunto A, correspondem elementos distintos do conjunto B, e o conjunto imagem é igual ao conjunto B (contradomínio). Veja, no diagrama a seguir, que, para cada elemento do conjunto B, "chega" apenas uma flecha.

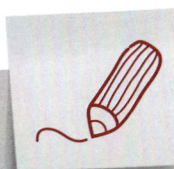

>> Agora é a sua vez!

6. Classifique as funções abaixo em injetora, sobrejetora ou bijetora.
   a. f: $\mathbb{R} \to \mathbb{R}$ tal que f(x) = 3x − 5
   b. g: $\mathbb{N} \to \mathbb{N}$ tal que g(x) = 2x − 1
   c. h: $\mathbb{R} \to \mathbb{R}$ tal que h(x) = $2x^2$

Função composta

A função composta é utilizada quando é possível relacionar mais de duas grandezas utilizando uma mesma função. Analisemos, como exemplo, uma sequência de fatos.

Por exemplo:

Uma empresa quer lotear seus terrenos de modo que sempre obtenha 20 lotes quadrados. Vejamos como essa empresa relacionou a medida do lado do lote com a área do terreno a ser loteado. Observe como os dados foram tabulados.

Tabela 4.1 » Relação entre medida do lado do lote e a área do lote

Lado (m)	Área do lote (m^2)
10	100
20	400
30	900
40	1.600

Veja que a lei que define a área do lote em função da medida do lado é $f(x) = x^2$.

Tabela 4.2 » Relação entre área do lote e a área do terreno

Área do lote (m^2)	Área do terreno (m^2)
100	2.000
400	8.000
900	18.000
1.600	32.000

A lei que define a área do terreno em função da área do lote é $g(x) = 20x$.

Tabela 4.3 » Relação entre medida do lado do lote e a área do terreno

Lado (m)	Área do terreno (m^2)
10	2.000
20	8.000
30	18.000
40	32.000

Com base nas funções obtidas, vamos relacionar a medida do lado do lote com a área total do terreno. A essa relação daremos o nome de **função composta**. Observe que a lei que define a função da tabela 3 é $h(x) = 20x^2$. Essa lei é obtida a partir da composição das funções f(x) e g(x). Isto é, aplicamos a função f a x e depois a função g a f(x). Matematicamente:

$$g \circ f = g[f(x)] = 20[f(x)]$$
$$h(x) = g \circ f = 20x^2$$

Veja a seguir função composta por meio de um diagrama de Venn.

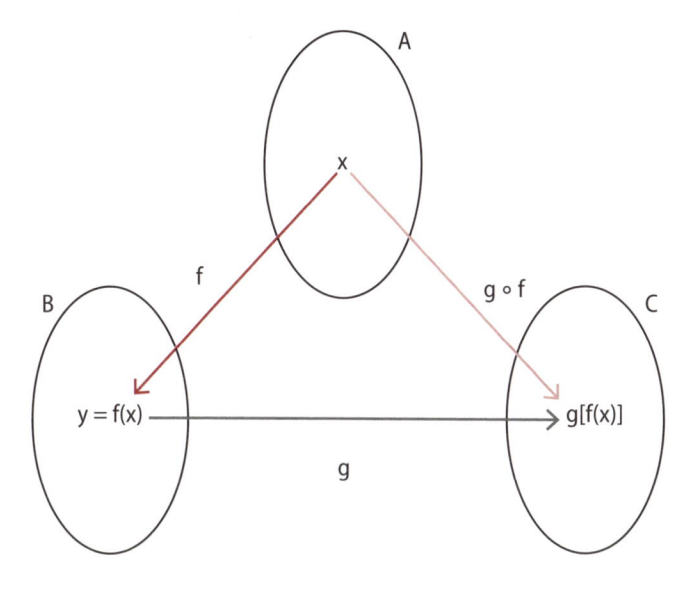

Dadas as funções f: A → B e g: B → C, tem-se uma função composta de g com f, determinada pela função g ∘ f, sendo (g ∘ f)(x) = g(f(x)).

» Agora é a sua vez!

7. Dadas as funções f e g de $\mathbb{R}$ em $\mathbb{R}$ definidas por f(x) = −x + 3 e g(x) = x^2, determine as funções compostas (g ∘ f) e (f ∘ g).

Função inversa

As funções inversas são muito utilizadas em algoritmos de criptografia, principalmente nos métodos de decodificação dos dados encriptados. A função inversa só pode ser definida se, e somente se, a função f: A → B for bijetora. Denominamos a função inversa por f^{-1} :B → A.

Por exemplo:

Considere os conjuntos A = {−1, 0, 1} e B = {−3, 0, 3} e a função f :A → B definida por f(x) = 3x. Veja que a função f é bijetora e formada pelos pares ordenados: f = {(−1, −3), (0, 0), (1, 3)}, em que D(f) = A e Im(f) = B.

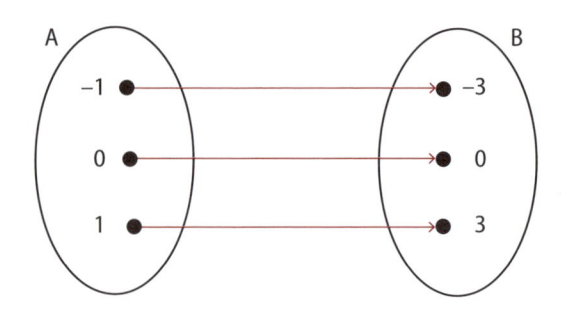

A função inversa de f, f^{-1} :B → A pode ser obtida invertendo a ordem dos elementos de cada par ordenado da função f :A → B. Agora, as flechas saem de B e chegam em A: f^{-1} = {(−3, −1), (0, 0), (3, 1)}.

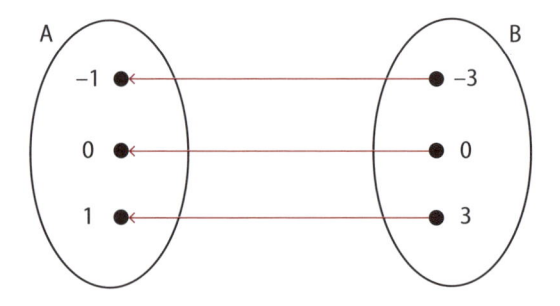

Obtemos a lei de formação da função inversa, trocando x por y na lei de formação da função f e isolando y. Veja:

- Trocando x por y, em y = 3x, temos: x = 3y.
- Isolando y, temos: $y = \dfrac{x}{3}$ que é a lei de formação de f^{-1}.

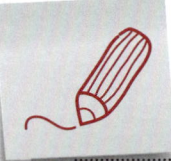

>> Agora é a sua vez!

8. Determine a lei de formação da função inversa de cada função abaixo.

   a. y = 2x − 3
   b. y = b · y = $\dfrac{x-2}{4}$

Função hash

A função hash é um bom exemplo da utilização de funções em informática, então vamos explorá-la um pouco mais.

Muitas vezes guardamos as informações e dados manipulados em um programa, em arquivos que contêm registros, campos, chaves, etc. Assim, utilizamos a função de hashing para organizar esses arquivos, com o intuito de recuperar os dados de forma mais rápida e confiável.

Basicamente, a função de hashing realiza um mapeamento dos registros de um arquivo por meio de um campo "chave". A "chave" normalmente é determinada por um campo que possui um valor unívoco e, portanto, funciona como o identificador do arquivo, como, por exemplo, o RG de uma pessoa. Com esse mapeamento, um campo ou um conjunto de campos chaves é relacionado a um ou mais endereços ou posições onde os registros estão armazenados.

Na figura a seguir, representamos graficamente um mapeamento obtido por meio da função hashing.

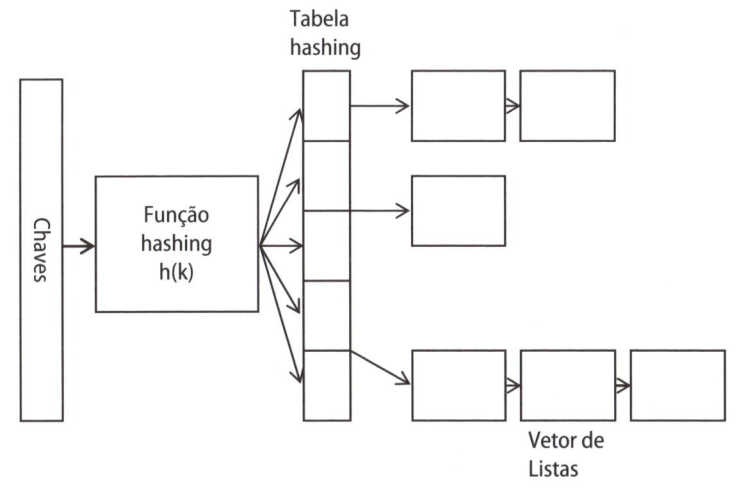

Figura 3.4 Representação de mapeamento com função hashing.
Fonte: Autores.

> » **DEFINIÇÃO**
> O uso de funções para localizar elementos em uma tabela a partir da conversão de uma chave em um número (o seu endereço) é chamado de **hashing**.

> » **IMPORTANTE**
> A utilização da função de hashing possibilita a indexação dos dados, transformando uma chave k em um endereço físico, relativo ou absoluto h(k), provendo maior rapidez e segurança na busca por informações dentro de um arquivo.

Funções recursivas

A **recursividade** consiste em uma função que define a si própria, ou seja, uma função que é executada e, em sua execução, chama a si própria novamente, criando uma repetição dentro de outra, quantas vezes for necessário. Dessa forma, de acordo com os argumentos definidos para que a função pare, o problema passa a ser solucionado de "dentro para fora", ou da função mais interna para a mais externa. Assim, chega-se à conclusão de que a função mais interna irá gerar os resultados necessários para solucionar as funções mais externas até que a mais externa de todas (primeira) seja totalmente executada.

> » **DICA**
> **Funções recursivas** são muito utilizadas na computação para solucionar problemas complexos com a utilização de poucas linhas de código.

Vamos examinar um exemplo muito simples de algoritmo que utiliza a função recursiva na solução de um problema para esclarecer melhor os conceitos apresentados.

Por exemplo:

O usuário deve digitar um número inteiro, entre 1 e 10. Após essa etapa, o algoritmo deverá retornar o valor da soma de todos os números, de 1 até o número digitado.

Para solucionar esse problema, vamos determinar a seguinte função: *soma(inteiro x)*. Assim, se o usuário digitar o número 7 (x = 7), o programa deverá executar o seguinte cálculo:

Se x = 7: *soma(7)* = 7 + 6 + 5 + 4 + 3 + 2 + 1
Se x = 6: *soma(6)* = 6 + 5 + 4 + 3 + 2 + 1
Se x = 5: *soma(5)* = 5 + 4 + 3 + 2 + 1 e assim por diante.

Nota-se, portanto, que *soma(7)* é igual a 7 + *soma(6)*, assim como *soma(6)* é igual a 6 + *soma(5)*. Dessa forma, podemos montar uma função recursiva, na qual definimos que:

soma(x) = x + *soma*(x − 1)

Essa função deve ser repetida de x até 1, ou seja, do número digitado pelo usuário até o número 1, garantindo que todos os números do intervalo sejam incluídos na soma.

Para solucionar esse problema, podemos utilizar um algoritmo e um programa escrito em Linguagem C.

Algoritmo:

ALGORITMO RECURSÃO   **nome do algoritmo**
VAR   **define o início da área de declaração de variáveis**
   n : INTEIRO   **variável que irá receber o número digitado pelo usuário**
   resp: INTEIRO   **variável que irá retornar a resposta do problema**
INICIO ALGORITMO   **define o início do algoritmo**
   resp<-- 0   **insere valor inicial à variável "resp"**
   ESCREVA ("Digite um número inteiro de 1 a 10")   **envia mensagem na tela**
   LEIA (n)   **armazena o número digitado na variável "n"**
   SE (n= 1) ENTÃO   **define uma condição, caso o número digitado seja igual a 1**
      resp<-- n   **define que a variável "resp" recebe o valor da variável "n"**
   SENÃO   **este bloco é executado caso a condição "SE" seja falsa**
      ENQUANTO (n > 0) FAÇA   **define repetição até que "n" seja menor que 1**
         INICIO ENQUANTO   **início do comando de repetição**
            resp<-- (resp + n)   **define o valor de "resp" através da soma**
            n <-- n-1   **subtrai o valor de "n"**
         FIM ENQUANTO   **final do comando de repetição**
      ESCREVA (resp)   **apresenta o resultado obtido após o término da repetição**
FIM ALGORITMO   **define o final do algoritmo**

>> **ATENÇÃO**
Os textos em negrito são apenas comentários, não faz partem do código do algoritmo.

Programa em linguagem C:

```
#include <stdio.h>   habilita a utilização de biblioteca de entrada e saída de dados
int soma(int n)   define a função soma(), recebendo um valor inteiro
{   demarca o início da função
if(n==1)   define um retorno caso "n" seja igual a 1 (término da chamada)
return 1;   se a condição "if" for verdadeira, retorna 1
else   este bloco é executado caso a condição "if" seja falsa
return (n + soma(n-1));   retorna o cálculo da função, chamando a função
}   demarca o final da função
intmain()   função principal (execução do programa)
{   demarca o início da função
int n;   declara a variável "n"
printf("Digite um inteiro positivo: ");   apresenta mensagem na tela
scanf("%d", &n);   lê o valor digitado e armazena na variável "n"
printf("Soma: %d\n", soma(n));   chama a função "soma()" e apresenta o resultado obtido
}   demarca o final da função
```

Atividades

1. Considerando a relação R = {(x, y) ∈ C × D | y = $\frac{x+1}{2}$} e os conjuntos C = {1, 2, 3, 4} e D = {0, 1, 2}, determine os pares ordenados da relação.

2. Represente graficamente o produto cartesiano]−3,1] × [4,6[.

3. Dados os conjuntos A = {−1, 0, 1} e B = {−3, −2, −1, 0, 1, 2, 3} e a relação R = {(x, y) ∈ A × B | y = x − 2}:
   a. determine a relação em forma de pares ordenados.
   b. verifique se essa relação é uma função de A em B.

4. Sejam A o conjunto dos automóveis matriculados na cidade de Recife e B o conjunto dos dígitos de 0 a 9, considere a função f :A → B definida por: f(x) é o último dígito à direita na matrícula do automóvel x. Pode-se afirmar que essa função é injetora, sobrejetora ou bijetora?

5. Dadas as funções sendo f: $\mathbb{R} \to \mathbb{R}$, sendo f(x) = 4x e g: $\mathbb{R} \to \mathbb{R}$, sendo g(x) = 2x −1, determine f ∘ g, g ∘ f e f ∘ f.

6. Determine a lei de formação da função inversa das funções abaixo:
   a. $y = \frac{x-5}{3}$
   b. y = 7x −1

REFERÊNCIA

BLAUTH, P. *Matemática discreta para computação e informática*. Porto Alegre: Bookman, 2013.

REDE INTELIGENTE. *PLC*: mais incentivos para avançar. 27 jul. 2010. Disponível em: < http://www.redeinteligente.com/2010/07/26/plc-mais-incentivos-para-avancar/>. Acesso em: 09 out. 2014.

LEITURAS RECOMENDADAS

CROCE FILHO, R. D.; RIBEIRO, C. E. *Informática*: programação de computadores. São Paulo: Fundação Padre Anchieta, 2010.

FURGERI, S. *Java 7*: ensino didático. São Paulo: Érica, 2010.

OLIVEIRA, J. F.; MANZANO , J. A. N. G. Algoritmos: lógica para desenvolvimento de programação de computadores. São Paulo: Érica, 2012.

PIVA, G. D., OLIVEIRA, W. J. *Análise e gerenciamento de dados*. São Paulo: Fundação Padre Anchieta, 2010.

SHOKRANIAN, S. *Criptografia para iniciantes*. 2. ed. Rio de Janeiro: Ciência Moderna, 2012.

STALLINGS, W. *Criptografia e segurança de redes*. 4. ed. São Paulo: Prentice-Hall, 2007.

TEOREY, T. et al. *Projeto e modelagem de banco de dados*. 2. ed. Rio de Janeiro: Campus, 2013.

capítulo 4

Matrizes e frações

Na informática, utilizam-se matrizes em programas como editores de imagem e no Microsoft Excel, por exemplo, em que cada célula é um elemento de uma matriz, cheia de propriedades e valores. Até a configuração do teclado é realizada por um sistema de matrizes! Outro conteúdo muito importante na informática são as frações. As frações são muito utilizadas, principalmente em gerenciamento e armazenamento de dados, memória e recursos de hardware. Neste capítulo, faremos um breve estudo de matrizes: definição, matrizes especiais, operações com matrizes e matrizes booleanas. Também estudaremos a aplicação de matrizes na computação gráfica e de frações no armazenamento de dados (particionamento de HD).

Bases Científicas
- Conceitos e tipos de matrizes
- Operações aritméticas com matrizes
- Matriz inversa e matriz booleana
- Rotação e translação
- Frações

Bases Tecnológicas
- Projeto de banco de dados
- Construção de tabelas em banco de dados
- Implementação de banco de dados
- Gerenciamento de discos
- Recursos e ferramentas das principais planilhas eletrônicas
- Tipos de memória e armazenamento de dados
- Introdução à programação visual e orientada a objetos
- Criação de variáveis e constantes
- Vetores e matrizes
- Armazenamento de dados
- Conceitos de sistema de arquivos para servidor

Expectativas de Aprendizagem
- Representar e interpretar uma tabela de números como uma matriz.
- Identificar os elementos de uma matriz.
- Utilizar as operações matriciais.
- Aplicar as operações com matrizes na computação gráfica.
- Reconhecer as transformações geométricas: rotação, translação, ampliação e redução.
- Utilizar frações na resolução de problemas computacionais.

Introdução

O crescente uso de computadores tem feito a **teoria das matrizes** ser cada vez mais aplicada em áreas como economia, engenharia, matemática, física, etc. No desenvolvimento de *software*, as matrizes e os vetores (matrizes unidimensionais), assim como as variáveis, são utilizados frequentemente para armazenamento rápido de dados. São conhecidas como *arrays* – os unidimensionais são os vetores, e os multidimensionais são as matrizes.

Uma utilização dessas estruturas pode ser observada no armazenamento de informações para o cálculo de média aritmética de um aluno. Pode-se utilizar um vetor para os nomes de alunos e uma matriz para armazenamento de suas notas bimestrais. A tabela a seguir é um exemplo dessa utilização e representa as notas de três alunos em uma etapa.

> **DICA**
> Na literatura de informática, matrizes também são conhecidas como, por exemplo, variáveis composta homogênea, variáveis subscritas, variáveis indexadas, arranjos, *arrays*, etc.

Por exemplo:

Tabela 1.1 » Exemplo de notas de alunos

	Química	Inglês	Literatura	Espanhol
A	8	7	9	8
B	6	6	7	6
C	4	8	5	9

Se quisermos saber a nota do aluno B em Literatura, basta procurar o número que fica na segunda linha e na terceira coluna da tabela. Para saber a nota do aluno C em Espanhol, basta procurar o número que fica na terceira linha e na quarta coluna da tabela.

Vamos agora considerar uma tabela de números dispostos em linhas e colunas, como no exemplo acima, mas colocados entre parênteses ou colchetes:

$$\text{linha} \longrightarrow \begin{pmatrix} 8 & 7 & 9 & 8 \\ 6 & 6 & 7 & 6 \\ 4 & 8 & 5 & 9 \end{pmatrix} \text{ ou } \begin{bmatrix} 8 & 7 & 9 & 8 \\ 6 & 6 & 7 & 6 \\ 4 & 8 & 5 & 9 \end{bmatrix}$$

coluna

Nas matrizes, os números são os elementos. As linhas são enumeradas de cima para baixo, e as colunas, da esquerda para direita:

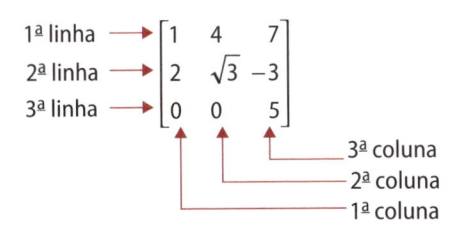

$$\begin{array}{l}\text{1ª linha} \longrightarrow \\ \text{2ª linha} \longrightarrow \\ \text{3ª linha} \longrightarrow \end{array} \begin{bmatrix} 1 & 4 & 7 \\ 2 & \sqrt{3} & -3 \\ 0 & 0 & 5 \end{bmatrix}$$

com setas indicando 1ª coluna, 2ª coluna e 3ª coluna.

Tabelas com m linhas e n colunas (sendo m e n números naturais diferentes de 0) são denominadas matrizes m × n. Na tabela do exemplo, temos, portanto, uma matriz 3 × 3.

» EXEMPLOS

Veja mais alguns exemplos:

- $\begin{bmatrix} 2 & 3 & -1 \\ 30 & -3 & 17 \end{bmatrix}$ é uma matriz do tipo 2 × 3.

- $\begin{bmatrix} 2 & -5 \\ 1 & 1 \\ 2 & 3 \end{bmatrix}$ é uma matriz do tipo 2 × 2.

» Notação geral

Costuma-se representar as matrizes por letras maiúsculas, e seus elementos, por letras minúsculas, acompanhadas por dois índices que indicam, respectivamente, a linha e a coluna que o elemento ocupa.

Assim, uma matriz A do tipo m × n é representada por:

$$A = \begin{bmatrix} a_{11} & a_{12} & a_{13} & \cdot & \cdot & \cdot & a_{1n} \\ a_{21} & a_{22} & a_{23} & \cdot & \cdot & \cdot & a_{2n} \\ a_{31} & a_{32} & a_{33} & \cdot & \cdot & \cdot & a_{3n} \\ \cdot & \cdot & \cdot & \cdot & \cdot & \cdot & \cdot \\ \cdot & \cdot & \cdot & \cdot & \cdot & \cdot & \cdot \\ \cdot & \cdot & \cdot & \cdot & \cdot & \cdot & \cdot \\ a_{m1} & a_{m2} & a_{n3} & \cdot & \cdot & \cdot & a_{mn} \end{bmatrix}$$

ou, abreviadamente, A = [aij]$_{m \times n}$, em que i e j representam, respectivamente, a linha e a coluna que o elemento ocupa. Por exemplo, na matriz anterior, a_{23} é o elemento da 2ª linha e da 3ª coluna.

Por exemplo:

Na matriz $A = \begin{bmatrix} 1 & -1 & 5 \\ 4 & \frac{1}{2} & \sqrt{2} \\ 0 & 1 & -2 \end{bmatrix}$, temos:

$A = \begin{cases} a_{11} = 2, a_{12} = -1 \text{ e } a_{13} = 5 \\ a_{21} = 4, a_{22} = \frac{1}{2} \text{ e } a_{23} = \sqrt{2} \\ a_{31} = 0, a_{32} = 1 \text{ e } a_{33} = -2 \end{cases}$

E na matriz B = [−1 0 2 5], temos: $a_{11} = -1$, $a_{12} = 0$, $a_{13} = 2$ e $a_{14} = 5$.

≫ Denominações especiais

Algumas matrizes, por suas características, recebem denominações especiais como:

Matriz linha: matriz do tipo 1 × n, ou seja, com uma única linha. Por exemplo, a matriz A = [4 7 −3 1], do tipo 1 × 4.

Matriz coluna: matriz do tipo m × 1, ou seja, com uma única coluna. Por exemplo,

$B = \begin{pmatrix} 1 \\ 2 \\ -1 \end{pmatrix}$, do tipo 3 × 1

Matriz quadrada: matriz do tipo n × n, ou seja, com o mesmo número de linhas e colunas. Também é chamada de matriz de ordem n. Por exemplo, a matriz

$C = \begin{bmatrix} 2 & 7 \\ 4 & 1 \end{bmatrix}$ é do tipo 2 × 2, isto é, quadrada de ordem 2.

Em uma matriz quadrada, definimos a diagonal principal e a diagonal secundária. A principal é formada pelos elementos a_{ij} tais que i = j. Na secundária, temos i + j = n + 1:

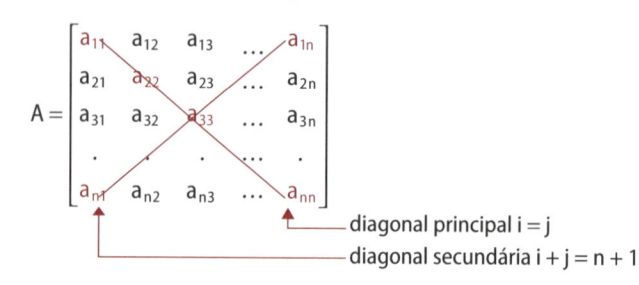

$A = \begin{bmatrix} a_{11} & a_{12} & a_{13} & \cdots & a_{1n} \\ a_{21} & a_{22} & a_{23} & \cdots & a_{2n} \\ a_{31} & a_{32} & a_{33} & \cdots & a_{3n} \\ \cdot & \cdot & \cdot & \cdots & \cdot \\ a_{n1} & a_{n2} & a_{n3} & \cdots & a_{nn} \end{bmatrix}$

— diagonal principal i = j
— diagonal secundária i + j = n + 1

> ≫ **ATENÇÃO**
> Uma matriz com apenas uma linha é chamada de matriz linha ou vetor linha, e uma matriz com apenas uma coluna é chamada de matriz coluna ou vetor coluna. Uma matriz cujas entradas são todas zero é chamada de matriz nula e é normalmente denotada por 0.

» EXEMPLO

Observe a matriz a seguir, na qual:

- $a_{11} = -1$ é elemento da diagonal principal, pois $i = j = 1$
- $a_{31} = 5$ é elemento da diagonal secundária, pois $i + j = n + 1$ ($3 + 1 = 3 + 1$)

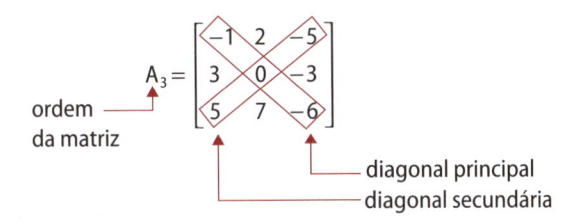

$$A_3 = \begin{bmatrix} -1 & 2 & -5 \\ 3 & 0 & -3 \\ 5 & 7 & -6 \end{bmatrix}$$

ordem da matriz

diagonal principal
diagonal secundária

Matriz nula: matriz na qual todos os elementos são nulos. É representada por $0_{m \times n}$:

$$0_{2 \times 3} = \begin{bmatrix} 0 & 0 & 0 \\ 0 & 0 & 0 \end{bmatrix}$$

Matriz diagonal: matriz quadrada na qual que todos os elementos que não estão na diagonal principal são nulos:

a) $A_{2 \times 2} = \begin{bmatrix} 2 & 0 \\ 0 & 1 \end{bmatrix}$ b) $B_{3 \times 3} = \begin{bmatrix} 4 & 0 & 0 \\ 0 & 3 & 0 \\ 0 & 0 & 7 \end{bmatrix}$

Matriz identidade: matriz quadrada em que todos os elementos da diagonal principal são iguais a 1 e os demais são nulos. É representada por I_n, sendo n a ordem da matriz:

a) $I_2 = \begin{bmatrix} 1 & 0 \\ 0 & 1 \end{bmatrix}$ b) $I_3 = \begin{bmatrix} 1 & 0 & 0 \\ 0 & 1 & 0 \\ 0 & 0 & 1 \end{bmatrix}$

Assim, para uma matriz identidade:

$$I_n = [a_{ij}], a_{ij} = \begin{cases} 1, \text{ se } i = j \\ 0, \text{ se } i \neq j \end{cases}$$

Matriz transposta: matriz A^t obtida a partir da matriz A, trocando-se ordenadamente as linhas por colunas ou as colunas por linhas:

$$Se\ A = \begin{bmatrix} 2 & 3 & 0 \\ -1 & -2 & 1 \end{bmatrix}, então\ A^t = \begin{bmatrix} 2 & -1 \\ 3 & -2 \\ 0 & 1 \end{bmatrix}$$

Desse modo, se a matriz A é do tipo m × n, A^t é do tipo n × m. Note que a 1ª linha de A corresponde à 1ª coluna de A^t, e a 2ª linha de A corresponde à 2ª coluna de A^t.

Matriz simétrica: matriz quadrada de ordem n tal que $A = A^t$:

$$A = \begin{bmatrix} 3 & 5 & 6 \\ 5 & 2 & 4 \\ 6 & 4 & 8 \end{bmatrix}$$

A matriz acima é simétrica pois $a_{12} = a_{21} = 5$, $a_{13} = a_{31} = 6$, $a_{23} = a_{32} = 4$, ou seja, temos sempre $a_{ij} = a_{ij}$.

Matriz oposta: é a matriz –A, cujos elementos são opostos aos elementos correspondentes de A.

$$Se\ A = \begin{bmatrix} 3 & 0 \\ 4 & -1 \end{bmatrix}, então\ -A = \begin{bmatrix} -3 & 0 \\ -4 & 1 \end{bmatrix}$$

≫ Igualdade de matrizes

Duas matrizes, A e B, do mesmo tipo, m × n, são iguais se, e somente se, todos os elementos que ocupam a mesma posição são iguais.

Por exemplo:

$A = B = a_{ij} \Leftrightarrow b_{ij}$, *para todo* $1 \leq i \leq m$ *e todo* $i \leq j \leq n$

$Se\ A = \begin{bmatrix} 2 & 0 \\ -1 & b \end{bmatrix}$, $B = \begin{bmatrix} 2 & c \\ -1 & 3 \end{bmatrix}$ *e* $A = B$, *então* $c = 0$ *e* $b = 3$

>> Agora é a sua vez!

*Acesse o ambiente virtual de aprendizagem Tekne para ter acesso às respostas das questões dos quadros "Agora é a sua vez": **www.bookman.com.br/tekne**.*

1. Uma matriz $P_{2 \times 2}$ é tal que $a_{ij} = i + j$.
    a. Construa a matriz P.
    b. Determine P^t.

>> Operações envolvendo matrizes

>> Adição

Dadas as matrizes $A = |a_{ij}|_{m \times n}$ e $B = |b_{ij}|_{m \times n}$, chamamos de soma dessas matrizes a matriz $C = |C_{ij}|_{m \times n}$, tal que $C_{ij} = a_{ij} + b_{ij}$, e para todo $1 \leq i \leq m$ e todo $1 \leq j \leq n$:

$$A + B = C$$

Por exemplo:

$$\begin{bmatrix} 1 & 4 \\ 0 & 7 \end{bmatrix} + \begin{bmatrix} 2 & -1 \\ 0 & 2 \end{bmatrix} = \begin{bmatrix} 1+2 & 4+(-1) \\ 0+0 & 7+2 \end{bmatrix} = \begin{bmatrix} 3 & 3 \\ 0 & 9 \end{bmatrix}$$

$$\begin{bmatrix} 2 & 3 & 0 \\ 0 & 1 & -1 \end{bmatrix} + \begin{bmatrix} 3 & 1 & 1 \\ 1 & -1 & 2 \end{bmatrix} = \begin{bmatrix} 2+3 & 3+1 & 0+1 \\ 0+1 & 1+(-1) & -1+2 \end{bmatrix} = \begin{bmatrix} 5 & 4 & 1 \\ 1 & 0 & 1 \end{bmatrix}$$

Propriedades:

Sendo A, B e C matrizes do mesmo tipo (m × n), temos as seguintes propriedades para a adição:

a) comutativa: $A + B = B + A$
b) associativa: $(A + B) + C = A + (B + C)$
c) elemento neutro: $A + 0 = 0 + A = A$, sendo 0 a matriz nula m × n
d) elemento oposto: $A + (-A) = (-A) + A = 0$

>> **ATENÇÃO**
A + B existe se, e somente se, A e B forem do mesmo tipo.

» Subtração

Dadas as matrizes $A = |a_{ij}|_{m \times n}$ e $B = |b_{ij}|_{m \times n}$, chamamos de diferença entre essas matrizes a soma de A com a matriz oposta de B:

$$A - B = A + (-B)$$

Por exemplo:

$$\begin{bmatrix} 3 & 0 \\ 4 & -7 \end{bmatrix} - \begin{bmatrix} 1 & 2 \\ 0 & -2 \end{bmatrix} = \begin{bmatrix} 3 & 0 \\ 4 & -7 \end{bmatrix} + \underbrace{\begin{bmatrix} -1 & -2 \\ 0 & 2 \end{bmatrix}}_{B} = \begin{bmatrix} 3+(-1) & 0+(-2) \\ 4+0 & -7+2 \end{bmatrix} = \begin{bmatrix} 2 & -2 \\ 4 & -5 \end{bmatrix}$$

» Multiplicação de um número real por uma matriz

Dados um número real x e uma matriz A do tipo m × n, o produto de x por A é uma matriz B do tipo m × n obtida pela multiplicação de cada elemento de A por x, ou seja, $b_{ij} = xa_{ij}$:

$$B = x \cdot A$$

Por exemplo:

$$3 \cdot \begin{bmatrix} 2 & 7 \\ -1 & 0 \end{bmatrix} = \begin{bmatrix} 3 \cdot 2 & 3 \cdot 7 \\ 3 \cdot (-1) & 3 \cdot 0 \end{bmatrix} = \begin{bmatrix} 6 & 21 \\ -3 & 0 \end{bmatrix}$$

Propriedades:

Sendo A e B matrizes do mesmo tipo (m × n), e x e y números reais quaisquer, valem as seguintes propriedades:

a) associativa: $x \cdot (yA) = (xy) \cdot A$

b) distributiva de um número real em relação à adição de matrizes:
$x \cdot (A + B) = xA + xB$

c) distributiva de uma matriz em relação à adição de dois números reais:
$(x + y) \cdot A = xA + yA$

d) elemento neutro: $xA = A$, para $x = 1$, ou seja, $A = A$

≫ Multiplicação de matrizes

O produto das matrizes $A = (a_{ij})_{m \times p}$ e $B = (b_{ij})_{p \times n}$ é a matriz $C = (c_{ij})_{m \times n}$, em que cada elemento c_{ij} é obtido por meio da soma dos produtos dos elementos correspondentes da i-ésima linha de A pelos elementos da j-ésima coluna B.

Por exemplo, vamos multiplicar a matriz abaixo para entender como se obtém cada C_{ij}:

$$A = \begin{bmatrix} 1 & 2 \\ 3 & 4 \end{bmatrix} \text{ e } B = \begin{bmatrix} -1 & 3 \\ 4 & 2 \end{bmatrix}$$

- 1ª linha e 1ª coluna

$$A = \begin{bmatrix} 1 & 2 \\ 3 & 4 \end{bmatrix} \cdot \begin{bmatrix} -1 & 3 \\ 4 & 2 \end{bmatrix} = \begin{bmatrix} \overset{C_{11}}{1 \cdot (-1) + 2 \cdot 4} \end{bmatrix}$$

- 1ª linha e 2ª coluna

$$A = \begin{bmatrix} 1 & 2 \\ 3 & 4 \end{bmatrix} \cdot \begin{bmatrix} -1 & 3 \\ 4 & 2 \end{bmatrix} = \begin{bmatrix} 1 \cdot (-1) + 2 \cdot 4 & \overset{C_{12}}{1 \cdot 3 + 2 \cdot 2} \end{bmatrix}$$

- 2ª linha e 1ª coluna

$$A = \begin{bmatrix} 1 & 2 \\ 3 & 4 \end{bmatrix} \cdot \begin{bmatrix} -1 & 3 \\ 4 & 2 \end{bmatrix} = \begin{bmatrix} 1 \cdot (-1) + 2 \cdot 4 & 1 \cdot 3 + 2 \cdot 2 \\ \underset{C_{21}}{3 \cdot (-1) + 4 \cdot 4} & \end{bmatrix}$$

- 2ª linha e 2ª coluna

$$A = \begin{bmatrix} 1 & 2 \\ 3 & 4 \end{bmatrix} \cdot \begin{bmatrix} -1 & 3 \\ 4 & 2 \end{bmatrix} = \begin{bmatrix} 1 \cdot (-1) + 2 \cdot 4 & 1 \cdot 3 + 2 \cdot 2 \\ 3 \cdot (-1) + 4 \cdot 4 & \underset{C_{22}}{3 \cdot 3 + 4 \cdot 2} \end{bmatrix}$$

Assim, $A \cdot B = \begin{bmatrix} 7 & 7 \\ 13 & 17 \end{bmatrix}$

Observe que:

$$A \cdot B = \begin{bmatrix} -1 & 3 \\ 4 & 2 \end{bmatrix} \cdot \begin{bmatrix} 1 & 2 \\ 3 & 4 \end{bmatrix} = \begin{bmatrix} (-1) \cdot 1 + 3 \cdot 3 & (-1) \cdot 2 + 3 \cdot 4 \\ 4 \cdot 1 + 2 \cdot 3 & 4 \cdot 2 + 2 \cdot 4 \end{bmatrix} = \begin{bmatrix} 8 & 10 \\ 10 & 16 \end{bmatrix}$$

Portanto, $A \cdot B \neq B \cdot A$, ou seja, para a multiplicação de matrizes, não vale a propriedade comutativa.

» APLICAÇÃO

Multiplique as matrizes $A = \begin{bmatrix} 2 & 3 \\ 0 & 1 \\ -1 & 4 \end{bmatrix}$ e $B = \begin{bmatrix} 1 & 2 & 3 \\ -2 & 0 & 4 \end{bmatrix}$.

Resolução.

$$A \cdot B = \begin{bmatrix} 2 & 3 \\ 0 & 1 \\ -1 & 4 \end{bmatrix} \cdot \begin{bmatrix} 1 & 2 & 3 \\ -2 & 0 & 4 \end{bmatrix} = \begin{bmatrix} 2 \cdot 1 + 3(-2) & 2 \cdot 2 + 3 \cdot 0 & 2 \cdot 3 + 3 \cdot 4 \\ 0 \cdot 1 + 1(-2) & 0 \cdot 2 + 1 \cdot 0 & 0 \cdot 3 + 1 \cdot 4 \\ -1 \cdot 1 + 4(-2) & -1 \cdot 2 + 4 \cdot 0 & -1 \cdot 3 + 4 \cdot 4 \end{bmatrix} = \begin{bmatrix} -4 & 4 & 18 \\ -2 & 0 & 4 \\ -9 & -2 & 13 \end{bmatrix}$$

$$B \cdot A = \begin{bmatrix} 1 & 2 & 3 \\ -2 & 0 & 4 \end{bmatrix} \cdot \begin{bmatrix} 1 \cdot 2 + 2 \cdot 0 + 3(-1) & 1 \cdot 3 + 2 \cdot 1 + 3 \cdot 4 \\ -2 \cdot 2 + 0 \cdot 0 + 4(-1) & -2 \cdot 3 + 0 \cdot 1 + 4 \cdot 4 \end{bmatrix} = \begin{bmatrix} -1 & 17 \\ -8 & 10 \end{bmatrix}$$

Da definição, temos que a matriz produto A · B só existe se o número de colunas de A for igual ao número de linhas de B:

$$A_{m \times \underline{p}} \cdot B_{\underline{p} \times n} = (A \cdot B)_{m \times n}$$

A matriz produto terá o número de linhas de A e o número de colunas de B.

Propriedades:

Verificadas as condições de existência para a multiplicação de matrizes, valem as seguintes propriedades:

a) associativa: $(A \cdot B) \cdot C = A \cdot (B \cdot C)$
b) distributiva em relação à adição: $A \cdot (B + C) = A \cdot B + A \cdot C$ ou $(A + B) \cdot C = A \cdot C + B \cdot C$
c) elemento neutro: $A \cdot I_n = I_n \cdot A = A$, sendo In a matriz identidade de ordem n

Vimos que a propriedade comutativa geralmente não vale para a multiplicação de matrizes. Não vale também o anulamento do produto, ou seja: sendo $0_{m \times n}$ uma matriz nula, $A \cdot B = 0_{m \times n}$ não implica, necessariamente, que $A = 0_{m \times n}$ ou $B = 0_{m \times n}$.

» EXEMPLO

Veja alguns exemplos:

- Se $A_{3 \times 2}$ e $B_{2 \times 5}$, então $(A \cdot B)_{3 \times 5}$
- Se $A_{4 \times 1}$ e $B_{2 \times 3}$, então não existe o produto
- Se $A_{4 \times 2}$ e $B_{2 \times 1}$, então $(A \cdot B)_{4 \times 1}$

Matriz inversa

Dada uma matriz A, quadrada, de ordem n, se existir uma matriz A', de mesma ordem, tal que $A \cdot A' = A' \cdot A = I_n$, então A' é matriz inversa de A. Representamos a matriz inversa por A^{-1}.

<u>Por exemplo</u>, vamos calcular a inversa da matriz $A = \begin{bmatrix} 1 & 2 \\ 3 & 4 \end{bmatrix}$:

$\begin{bmatrix} 1 & 2 \\ 3 & 4 \end{bmatrix} \cdot \begin{bmatrix} a & b \\ c & d \end{bmatrix} = \begin{bmatrix} 1 & 0 \\ 0 & 1 \end{bmatrix}$, isto é, $A \cdot A^{-1} = I_2$

$\begin{cases} a + 2c = 1 \\ 3a + 4c = 0 \end{cases} \quad \begin{cases} b + 2d = 0 \\ 3b + 4d = 1 \end{cases}$

Resolvendo os sistemas, encontramos:

$a = -2, c = \frac{3}{2}, b = 1, d = -\frac{1}{2}$

$A^{-1} = \begin{bmatrix} -2 & 1 \\ \frac{3}{2} & -\frac{1}{2} \end{bmatrix}$

Matriz booleana

Um tipo de matriz especialmente utilizada na área de informática é a matriz booleana. Esse tipo de matriz tem apenas elementos iguais a 0 ou 1. Podemos definir uma operação booleana de multiplicação $A \times B$ para matrizes booleanas usando multiplicação e soma booleanas, em vez de multiplicação e adição usuais:

Multiplicação booleana: $x \wedge y = \min(x,y)$
Adição booleana: $x \vee y = \max(x,y)$

Sendo que os valores lógicos V e F podem ser substituídos por 1 e 0, respectivamente, temos que a multiplicação booleana é dada pela tabela-verdade da conjunção e a adição booleanas pela disjunção. Observe:

x	y	x ∨ y	x ∧ y
1	1	1	1
1	0	1	0
0	1	1	0
0	0	0	0

A operação de multiplicação booleana de matrizes A × B é definida por:

$$c_{ij} = \vee_{k=1}^{m} (a_{ik} \wedge b_{kj})$$

>> APLICAÇÃO

Seja $A = \begin{bmatrix} 1 & 1 & 0 \\ 0 & 1 & 0 \\ 0 & 0 & 1 \end{bmatrix}$, $B = \begin{bmatrix} 1 & 0 & 0 \\ 1 & 1 & 1 \\ 0 & 0 & 1 \end{bmatrix}$ e $C = \begin{bmatrix} 1 & 0 & 1 \\ 1 & 1 & 1 \end{bmatrix}$, calcule:

$A \vee B = \begin{bmatrix} 1 & 1 & 0 \\ 1 & 1 & 1 \\ 0 & 0 & 1 \end{bmatrix}$, e $A \wedge B = \begin{bmatrix} 1 & 0 & 0 \\ 0 & 1 & 0 \\ 0 & 0 & 1 \end{bmatrix}$

Resolução.

$A \times B = \begin{bmatrix} 1 \vee 1 \vee 0 & 0 \vee 1 \vee 0 & 0 \vee 1 \vee 0 \\ 0 \vee 1 \vee 0 & 0 \vee 1 \vee 0 & 0 \vee 1 \vee 0 \\ 0 \vee 0 \vee 0 & 0 \vee 0 \vee 0 & 0 \vee 0 \vee 1 \end{bmatrix}$ $A \times B = \begin{bmatrix} 1 & 1 & 1 \\ 1 & 1 & 1 \\ 0 & 0 & 1 \end{bmatrix}$

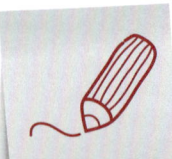

>> Agora é a sua vez!

2. Determine o resultado das operações entre as matrizes:

a. $\begin{bmatrix} 1 & 2 & 3 \\ 4 & 5 & 6 \end{bmatrix} + \begin{bmatrix} 4 & -1 & 1 \\ -4 & 0 & -6 \end{bmatrix} =$

b. $\begin{bmatrix} 7 & 8 \\ 9 & 9 \end{bmatrix} + \begin{bmatrix} 0 & 1 \\ 2 & 3 \end{bmatrix} =$

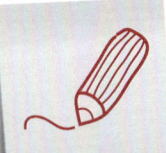

Agora é a sua vez!

3. Dadas $A = \begin{bmatrix} 1 & 2 & 3 \\ 4 & 5 & 6 \end{bmatrix}$ e $B = \begin{bmatrix} 7 \\ 8 \\ 9 \end{bmatrix}$, calcular AB.

4. Dadas as matrizes $A = \begin{bmatrix} 7 & -1 \\ 0 & 4 \end{bmatrix}$, $B = \begin{bmatrix} 1 & 8 \\ 6 & 1 \end{bmatrix}$ e $C = \begin{bmatrix} 2 & -6 \\ -5 & -1 \end{bmatrix}$, calcule:

   a. $A + B$
   b. $B + C$
   c. $A - C$
   d. $C - B$
   e. $A + B - C$

5. Calcule, se existir, cada produto abaixo.

   a. $\begin{bmatrix} 3 & 2 \\ 5 & -1 \end{bmatrix} \begin{bmatrix} 4 \\ 6 \end{bmatrix}$

   b. $\begin{bmatrix} 5 & 1 \\ 2 & 4 \end{bmatrix} \begin{bmatrix} 3 & 2 \\ -1 & -2 \end{bmatrix}$

   c. $\begin{bmatrix} 2 & 5 \\ 2 & 5 \\ 2 & 5 \end{bmatrix} \begin{bmatrix} 1 & 1 \\ 2 & 4 \end{bmatrix}$

6. Para as matrizes booleanas $A = \begin{bmatrix} 1 & 0 & 0 \\ 1 & 1 & 0 \\ 0 & 1 & 1 \end{bmatrix}$ e $B = \begin{bmatrix} 1 & 0 & 1 \\ 0 & 1 & 1 \\ 1 & 1 & 1 \end{bmatrix}$, calcule, se possível:

   a. $A \wedge B$
   b. $A \times B$
   c. $A \vee B$
   d. $B \times A$

Matrizes e computação gráfica

Os pequenos pontos, chamados de **pixels**, que compõem as imagens em uma tela de computador são imensas matrizes. As resoluções de imagens mais utilizadas nos monitores de computadores são, geralmente:

- 600 × 800, ou 480.000 pixels (600 linhas por 800 colunas).
- 768 × 1.024, ou 786.432 pixels (768 linhas por 1.024 colunas).

Na computação gráfica, os objetos gráficos são manipulados por meio da multiplicação de matrizes que representam transformações geométricas como rotação, translação, ampliação e redução.

Rotação

Uma rotação de θ graus de um ponto de coordenadas (x,y), no sentido anti-horário e em torno da origem, é feita a partir da multiplicação da matriz de rotação $R = \begin{bmatrix} \cos\theta & -\sin\theta \\ \sin\theta & \cos\theta \end{bmatrix}$ pela matriz $P = \begin{bmatrix} x \\ y \end{bmatrix}$, gerando uma matriz $P' = \begin{bmatrix} x' \\ y' \end{bmatrix}$, com novas coordenadas (x'y') dos pontos de tal forma que P'=RP.

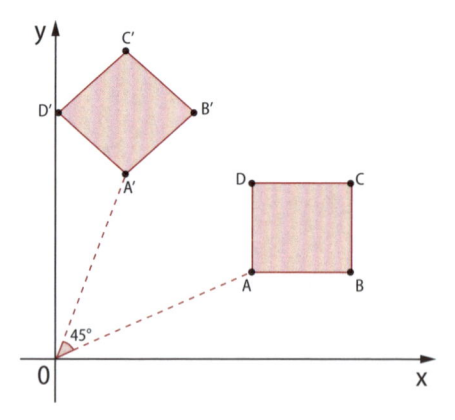

Figura 4.1 Rotação de 45° do quadrado ABCD, no sentido anti-horário, em torno da origem.
Fonte: Dos autores.

» Ampliação e redução

Na ampliação ou redução, mudamos a escala de um ponto (x,y) em relação à origem, usando um fator multiplicativo Bx para a coordenada x e um fator By para a coordenada y. Usamos a matriz $B = \begin{bmatrix} Bx & 0 \\ 0 & By \end{bmatrix}$ e a matriz $P = \begin{bmatrix} x \\ y \end{bmatrix}$, de tal modo que $P' = BP$.

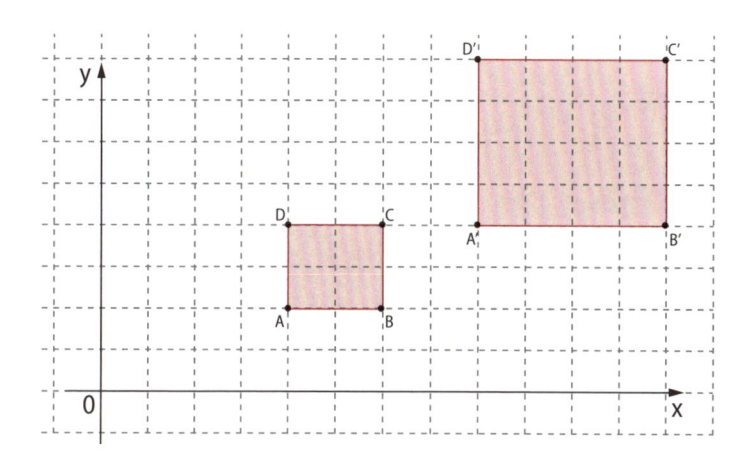

Figura 4.2 Ampliação do quadrado ABCD, com razão igual a 2.
Fonte: Dos autores.

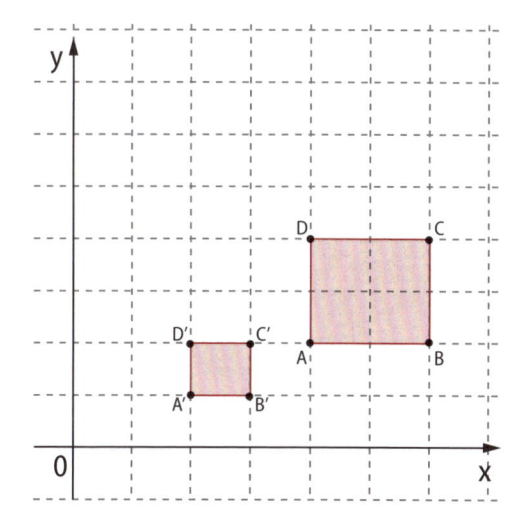

Figura 4.3 Redução do quadrado ABCD, com razão igual a 0,5.
Fonte: Dos autores.

» Translação

A translação de um ponto (x,y) de Tx unidades na direção horizontal na coordenada x e Ty unidades na direção vertical na coordenada y é feita pela soma da matriz $T = \begin{bmatrix} Tx \\ Ty \end{bmatrix}$, com a matriz $P = \begin{bmatrix} x \\ y \end{bmatrix}$, gerando uma matriz $P' = \begin{bmatrix} x' \\ y' \end{bmatrix}$, com a nova posição (x',y') dos pontos, de tal forma que $P' = T + P$.

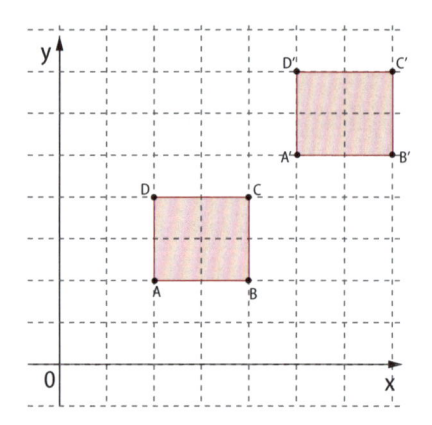

Figura 4.4 Translação do quadrado ABCD, em três unidades para cima e três unidades para a direita.
Fonte: Dos autores.

» APLICAÇÃO

Encontre as posições dos pontos A, B e C do triângulo ABC, nos casos abaixo.

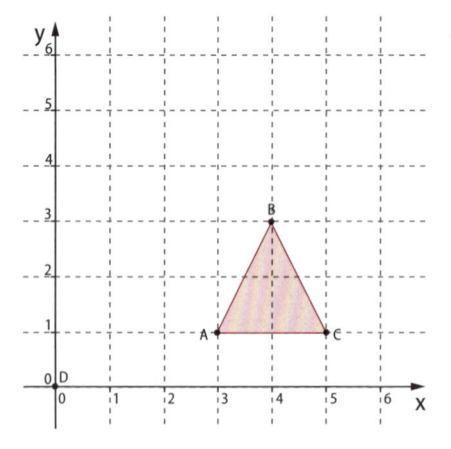

a. Uma rotação de 90° no sentido anti-horário, em torno da origem.

>> APLICAÇÃO

Resolução.

- Rotação do ponto A (3,1) para obter o ponto A'

$$A' = \begin{bmatrix} x' \\ y' \end{bmatrix} = \begin{bmatrix} \cos 90° & -\sen 90° \\ \sen 90° & \cos 90° \end{bmatrix} \cdot \begin{bmatrix} 3 \\ 1 \end{bmatrix} = \begin{bmatrix} 0 & -1 \\ 1 & 0 \end{bmatrix} \cdot \begin{bmatrix} 3 \\ 1 \end{bmatrix} = \cdot \begin{bmatrix} -1 \\ 3 \end{bmatrix}$$

- Rotação do ponto B (4,3) para obter o ponto B'

$$B' = \begin{bmatrix} x' \\ y' \end{bmatrix} = \begin{bmatrix} \cos 90° & -\sen 90° \\ \sen 90° & \cos 90° \end{bmatrix} \cdot \begin{bmatrix} 4 \\ 3 \end{bmatrix} = \begin{bmatrix} 0 & -1 \\ 1 & 0 \end{bmatrix} \cdot \begin{bmatrix} 4 \\ 3 \end{bmatrix} = \cdot \begin{bmatrix} -3 \\ 4 \end{bmatrix}$$

- Rotação do ponto C (5,1) para obter o ponto C'

$$C' = \begin{bmatrix} x' \\ y' \end{bmatrix} = \begin{bmatrix} \cos 90° & -\sen 90° \\ \sen 90° & \cos 90° \end{bmatrix} \cdot \begin{bmatrix} 5 \\ 1 \end{bmatrix} = \begin{bmatrix} 0 & -1 \\ 1 & 0 \end{bmatrix} \cdot \begin{bmatrix} 5 \\ 1 \end{bmatrix} = \cdot \begin{bmatrix} -1 \\ 5 \end{bmatrix}$$

Daí, o novo triângulo A'B'C' é:

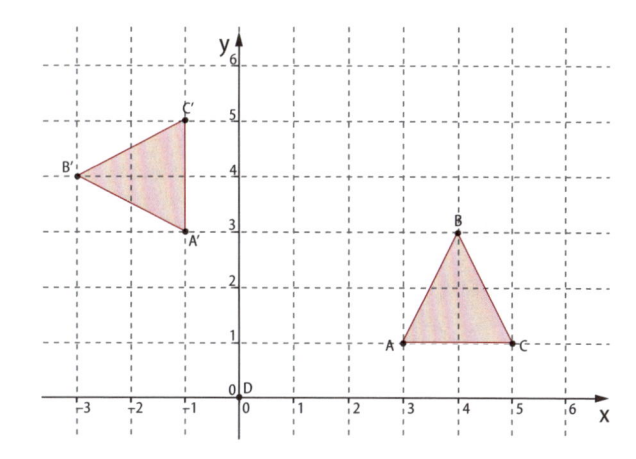

b. Uma ampliação com fator multiplicativo 2 em relação à origem.

Resolução.

- Escala do ponto A(3,1) com fator multiplicativo igual a 2:

$$A' = \begin{bmatrix} x' \\ y' \end{bmatrix} = \begin{bmatrix} 2 & 0 \\ 0 & 2 \end{bmatrix} \cdot \begin{bmatrix} 3 \\ 1 \end{bmatrix} = \begin{bmatrix} 6 \\ 2 \end{bmatrix}$$

- Escala do ponto B(4,3) com fator multiplicativo igual a 2:

$$B' = \begin{bmatrix} x' \\ y' \end{bmatrix} = \begin{bmatrix} 2 & 0 \\ 0 & 2 \end{bmatrix} \cdot \begin{bmatrix} 4 \\ 3 \end{bmatrix} = \begin{bmatrix} 8 \\ 6 \end{bmatrix}$$

≫ APLICAÇÃO

- Escala do ponto C(5,1) com fator multiplicativo igual a 2:

$$C' = \begin{bmatrix} x' \\ y' \end{bmatrix} = \begin{bmatrix} 2 & 0 \\ 0 & 2 \end{bmatrix} \cdot \begin{bmatrix} 5 \\ 1 \end{bmatrix} = \begin{bmatrix} 10 \\ 2 \end{bmatrix}$$

Daí, o novo triângulo A'B'C' é:

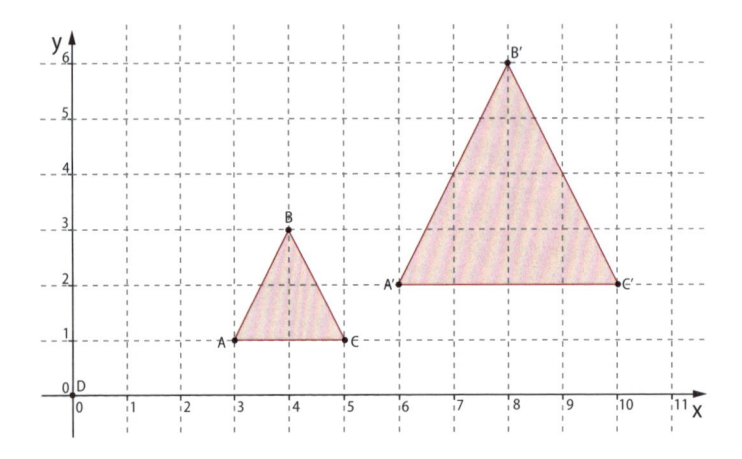

c. Uma translação de 2 unidades para baixo e três unidades para a esquerda. Nesse caso temos Tx = −3 e Ty = −2.

Resolução.

- Translação do ponto A(3,1) em relação a Tx e Ty

$$A' = \begin{bmatrix} x' \\ y' \end{bmatrix} = \begin{bmatrix} 3 \\ 1 \end{bmatrix} + \begin{bmatrix} -3 \\ -2 \end{bmatrix} = \begin{bmatrix} 0 \\ -1 \end{bmatrix}$$

- Translação do ponto B(4,2) em relação a Tx e Ty

$$B = \begin{bmatrix} x' \\ y' \end{bmatrix} = \begin{bmatrix} 4 \\ 2 \end{bmatrix} + \begin{bmatrix} -3 \\ -2 \end{bmatrix} = \begin{bmatrix} 1 \\ 0 \end{bmatrix}$$

- Translação do ponto C(5,1) em relação a Tx e Ty

$$C = \begin{bmatrix} x' \\ y' \end{bmatrix} = \begin{bmatrix} 5 \\ 1 \end{bmatrix} + \begin{bmatrix} -3 \\ -2 \end{bmatrix} = \begin{bmatrix} 2 \\ -1 \end{bmatrix}$$

» APLICAÇÃO

Daí, o novo triângulo A'B'C' é:

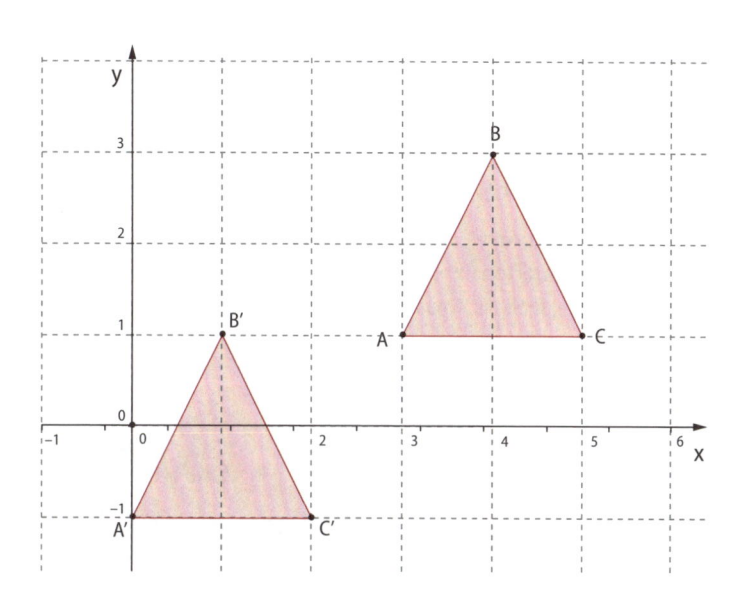

» Frações

O compartilhamento de recursos computacionais como processamento, memória, HD (*Hard Disk*), entre outros, é uma prática muito comum em **TIC**. Na computação em nuvem (*cloud computing*), que se resume no acesso direto a arquivos de variados tipos (vídeos, imagens, música, etc.), dispositivos e aplicativos ou serviços na internet, esse conceito é colocado em prática constantemente.

Para tanto, é imprescindível calcular exatamente a quantidade de recursos disponíveis, em relação à quantidade de requisições (solicitações de usuários), para que não haja indisponibilidade dos recursos oferecidos, como, por exemplo, o espaço de armazenamento de dados em um HD virtual. Assim, a utilização de cálculos que possibilitam fracionar, ou seja, distribuir de forma organizada uma determinada quantidade de recursos por usuário, é de extrema importância para que imprevistos não ocorram.

> » **DEFINIÇÃO**
> TIC, tecnologia da informação e comunicação, trata-se de um conjunto de recursos tecnológicos, utilizados de forma integrada, que proporcionam, por meio das funções de *hardware*, *software* e telecomunicações, a automação e comunicação dos processos de negócios, da pesquisa científica e de ensino e aprendizagem

>> **PARA REFLETIR**

Qual é a operação matemática que pode ser utilizada para solucionar esse problema de compartilhamento? E se o compartilhamento for fracionado?

>> Utilização de frações na informática

No curso técnico em informática, é muito comum nos depararmos com o problema de fracionamento do espaço de um HD em partes diferentes, para instalação de um ou mais sistemas operacionais. Assim, vamos utilizar esse problema para exemplificar de forma simples a utilização das frações na informática.

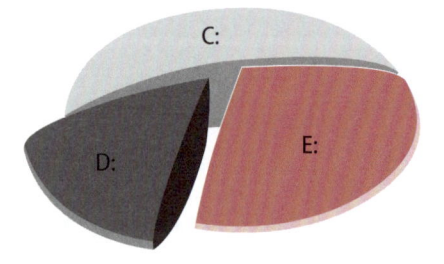

A divisão de um HD em partes é chamada de **particionamento de HD**, em que cada partição criada se destina a receber um sistema de arquivos diferente. Esses sistemas de arquivos são provenientes de diferentes sistemas operacionais como o DOS, Linux, MAC-OS ou Windows.

Criar partições no disco nada mais é do que "dividir" o HD em duas ou mais partes. Ao abrir a opção "Meu Computador" (ou "Computador") em seu PC e acessar o disco local, geralmente designado por C:, você está utilizando uma partição do disco que, nesse caso, é única. Cada divisão criada é designada por uma letra do alfabeto seguida de dois pontos. Assim, você pode ter C:, D:, E:, G:, etc., cada uma dando acesso à uma partição.

Existem três tipos de partições: primária, estendida e lógica.

A **partição primária** é destinada a receber um sistema de arquivos e pode haver no mínimo uma e no máximo quatro partições desse tipo em um disco. Caso existam quatro partições primárias, nenhuma outra partição poderá ser criada no disco. No caso da criação de mais de uma partição primária, uma delas deve estar marcada como ativa e será a utilizada para iniciar o computador.

A **partição estendida** contém as partições lógicas e é uma forma de solucionar o número limitado de partições primárias em um HD. Só pode haver uma partição estendida em um HD e caso ela exista, o número máximo de partições primárias deverá ser reduzido para três, ou seja, o HD poderá ser dividido em três partições primárias e uma estendida.

As **partições lógicas** ficam dentro de uma partição estendida e funcionam como partições primárias, mas não podem ser utilizadas para inicializar um sistema operacional. Poderão existir no mínimo uma e no máximo 12 partições lógicas em um HD.

No total, um HD pode conter no mínimo uma e no máximo 16 partições.

Número mínimo de partições: 1 partição primária.

Número máximo de partições: 3 partições primárias, 1 partição estendida, 12 partições lógicas

Considerando esses dados, vejamos a aplicação a seguir.

>> APLICAÇÃO

Pretende-se particionar um HD com capacidade de 500 GB em 6 partições, para que possua dois Sistemas Operacionais. Faça o cálculo da fração que melhor representa a distribuição de espaço nas partições considerando que:

Partição primária = 125 GB

Partição estendida deverá ter o restante do HD de espaço

Partição lógica 1 = 25 GB

Partição lógica 2 = 75 GB

Partição Lógica 3 = 50 GB

Partição Lógica 4 = Restante do HD

Resolução. A fração que representa a partição primária pode ser dada por: $\frac{125}{500}$.

Agora vamos simplificar essa fração dividindo o numerador e o denominador, por um divisor comum:

$$\frac{125 \div 125}{500 \div 125} = \frac{1}{4}$$

Ou seja, a partição primária representa $\frac{1}{4}$ do HD. Já para a partição lógica 1, a fração pode ser dada por: $\frac{25}{500}$.

Agora, vamos simplificar essa fração:

$$\frac{25 \div 25}{500 \div 25} = \frac{1}{20}$$

A partição lógica 1 representa $\frac{1}{20}$ do HD.

» Atividades

1. Construa a matriz real quadrada A de ordem 3, definida por: $a_{ij} = \begin{cases} 2^{i+j} \text{ se } i < j \\ i^2 - j + 1 \text{ se } i \geq j \end{cases}$

2. Sendo $M = \begin{pmatrix} 1 & 2 & 3 \\ -1 & 0 & -2 \\ 4 & -3 & 5 \end{pmatrix}$, $N = \begin{pmatrix} 1 & 0 & 0 \\ 0 & 1 & 0 \\ 0 & 0 & 1 \end{pmatrix}$ e $P = \begin{pmatrix} 0 & -1 & 1 \\ -2 & 0 & 1 \\ -3 & 2 & 0 \end{pmatrix}$, calcule:

   a. $N - P + M$
   b. $2M - 3N - P$
   c. $N - 2(M - P)$

3. Calcule a matriz X, sabendo que $A = \begin{pmatrix} 1 & 2 \\ -1 & 0 \\ 4 & 3 \end{pmatrix}$, $B = \begin{pmatrix} 5 & 1 & 3 \\ -2 & 0 & 2 \end{pmatrix}$ e $(X + A)^t = B$.

4. Dadas as matrizes $A = \begin{bmatrix} a & 0 \\ 0 & a \end{bmatrix}$ e $B = \begin{bmatrix} 1 & b \\ b & 1 \end{bmatrix}$, determine a e b, de modo que $AB = I$, em que I é a matriz identidade.

5. Dadas as matrizes e $A = \begin{bmatrix} 1 & -2 \\ 0 & 3 \end{bmatrix}$ e $B = \begin{bmatrix} 1 & -3 \\ 2 & 0 \end{bmatrix}$, calcule:

   a. A^2
   b. A^3
   c. A^2B
   d. $A^2 + 3B$

6. Considere as seguintes matrizes: $A = \begin{bmatrix} 4-3x & 7-x \\ 0 & -10 \\ -5 & -4 \end{bmatrix}$, $B = \begin{bmatrix} 3 & -4 \\ 5 & 0 \\ 2 & 2 \end{bmatrix}$, $C = \begin{bmatrix} x & x+1 \\ 1 & x-1 \end{bmatrix}$

   e $D = \begin{bmatrix} 0 & 10 \\ 10 & 5 \\ 1 & 4 \end{bmatrix}$. Qual é o valor de x para que se tenha $A + BC = D$?

7. Considere as matrizes abaixo e determine o elemento C_{63}:

   $A = (a_{ij})$, 4×7 onde $a_{ij} = i - j$
   $B = (b_{ij})$, 7×9 onde $b_{ij} = i$
   $C = (c_{ij})$, tal que $C = AB$.

8. Sendo $\begin{bmatrix} -2 & 1 \\ 1 & -2 \end{bmatrix} \cdot \begin{bmatrix} x \\ y \end{bmatrix} = \begin{bmatrix} 9 \\ 3 \end{bmatrix}$, calcule o valor de x e y.

9. Encontre a solução da seguinte equação matricial:

$$\begin{pmatrix} -1 & 2 & 1 \\ 0 & 1 & -2 \\ 1 & 0 & -1 \end{pmatrix} \cdot \begin{pmatrix} x \\ y \\ z \end{pmatrix} = \begin{pmatrix} 1 \\ 2 \\ 3 \end{pmatrix}$$

10. Encontre as novas coordenadas da figura abaixo em cada caso.

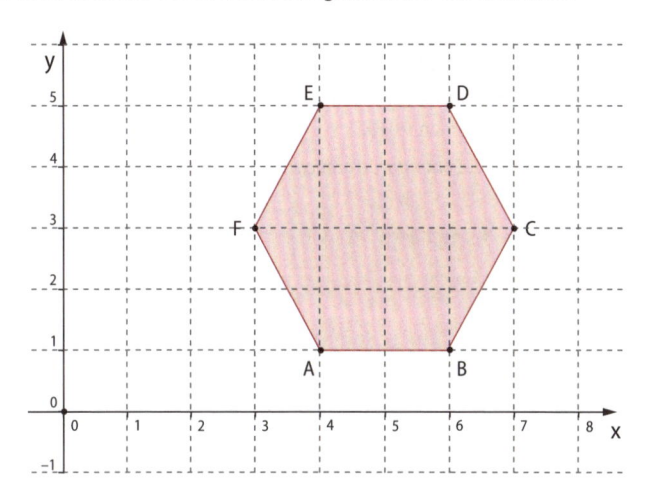

    a. Rotação de 30° no sentido anti-horário em relação à origem.
    b. Redução com fator de multiplicação $\frac{1}{2}$ em relação à origem.
    c. Translação de 4 unidades para cima e 2 unidades para a esquerda.

11. Uma fábrica de computadores que está começando sua produção de *laptops* produz 60 *laptops*/hora. Destes, $\frac{1}{5}$ precisam ser testados, de acordo com a política de qualidade da empresa. O índice de computadores que apresentam problemas e que deverão passar por averiguação e remontagem é $\frac{1}{60}$. Quantos computadores apresentarão problema no final do dia, sabendo que a empresa trabalha em dois turnos de 8 horas?

12. Um fotógrafo destina $\frac{3}{7}$ da memória de seu computador para armazenar suas 3.157 fotos de alta resolução. Se ele fizer um upgrade e aumentar sua memória em $\frac{4}{9}$, quantas fotos a mais poderão ser armazenadas? Sabendo que cada foto possui 2 MB, qual é a memória final ocupada do computador após o *upgrade*?

13. Um computador possui 5 GHz de velocidade de processamento e compartilha, em um sistema distribuído, $\frac{3}{8}$ dessa velocidade com $\frac{1}{2}$ da velocidade de outro computador, totalizando 4 GHz. Qual é a capacidade de processamento do segundo computador?

14. Calcule a fração que representa as partições lógicas 2, 3 e 4.

LEITURAS RECOMENDADAS

AZEVEDO, E.; CONCI, A. *Computação gráfica*: geração de imagens. Rio de Janeiro: Campus, 2003.

GALEOTE, S. *Sistemas de armazenamento de dados*. São Paulo: Érica, 2000.

HETEM JR., A. *Computação gráfica*: fundamentos de informática. São Paulo: LTC, 2006.

RIBEIRO, M. M. *Uma breve introdução à computação gráfica*. Rio de Janeiro: Ciência Moderna, 2010.

SOMASUNDARAM, G.; SHRIVASTAVA, A.; EMC EDUCATION SERVICES. *Armazenamento e gerenciamento de informações*: como armazenar, gerenciar e proteger informações digitais. Porto Alegre: Bookman, 2010.

ZHANG, K.; AMMERAAL, L. *Computação gráfica para programadores Java*. 2. ed. São Paulo: LTC, 2008.

capítulo 5

Análise combinatória e probabilidade

Você tem alguma ideia de como são geradas as senhas de seu e-mail, Twitter, Facebook? Já pensou em como são organizados os elementos aleatórios dos jogos digitais? Neste capítulo, faremos um breve estudo de análise combinatória e probabilidade com o objetivo de mostrar algumas aplicações em gerenciamento de informações, algoritmos, codificações e criptografia.

Bases Científicas

- Análise combinatória
- Princípio da multiplicação ou princípio fundamental da contagem
- Princípio da adição
- Outras formas de contagem
- Probabilidade
- Binômio de Newton

Bases Tecnológicas

- Projeto de desenvolvimento de programas para web
- Controle de acessos simultâneos em serviços web
- Instalação de sistemas para virtualização de servidores web
- Configuração de serviços de servidores
- Procedimentos de testes em programas
- Rede (*sockets*, internet e *web services*)
- Projeto de banco de dados
- Bancos de dados relacionais
- Modelagem de dados
- Integridade relacional
- Estudo de viabilidade em análise de sistemas
- Princípios de funcionamento de processadores, tipos e fabricantes
- Segurança da informação
- Testes de penetração e vulnerabilidades
- Conceitos de segurança digital
- Criptografia
- Certificado e assinatura digital
- *Firewall*
- Sistemas Operacionais
- Gerenciamento de arquivos
- Gerenciamento de memória
- Redes de computadores
- Padrões e protocolos de redes
- Sistemas de comunicação e meios de transmissão

Expectativas de Aprendizagem

- Aplicar os princípios da multiplicação e da adição e utilizar árvore de possibilidades para resolver problemas de contagem.
- Usar as fórmulas para permutações, arranjos e combinações.
- Calcular a probabilidade de um evento.

>> Introdução

A **análise combinatória** é um ramo da matemática que estuda a contagem. Os problemas de contagem permitem encontrar o número de elementos de um conjunto finito, como a quantidade de usuários que uma rede pode suportar, ou a quantidade de espaço de armazenamento de um banco de dados.

Imagine, por exemplo, a seguinte situação: uma empresa de vendas online decide fazer uma promoção para vender todo o seu estoque em um período de 24 horas. Devido à divulgação em diversas mídias e aos preços atraentes, calcula-se que milhares de pessoas acessem o *site*, no período definido, para comprar os produtos. Como se trata de uma "queima de estoque", conforme os produtos forem sendo vendidos, vão se tornando indisponíveis no *site*. Assim, os usuários interessados em adquirir algum produto precisam acessar a loja virtual o mais rápido possível para tentar garantir a compra. Todas essas condições proporcionarão um grande número de acessos simultâneos, o que pode "derrubar" o servidor web. Para que isso não ocorra, é necessária utilização de análise combinatória, a fim de contar quantos acessos simultâneos o servidor pode suportar e de criar processos para solucionar o problema, caso esse número seja alcançado.

Além disso, a análise combinatória também é muito utilizada para gerar senhas e contas de e-mail, identificar usuários e codificar mensagens utilizando algoritmos de criptografia.

Já a **probabilidade** é muito utilizada em jogos digitais, principalmente nos que utilizam elementos aleatórios, como jogos de dados, cartas e tabuleiros. É também utilizada por meio das teorias da informação e do risco, para determinar a codificação e transmissão de dados e análise de risco e conflitos em redes de computadores. Mais recentemente, tem sido utilizada também para estudos de criptografia quântica.

> **>> CURIOSIDADE**
> Ultimamente, a análise combinatória vem tendo um papel importante no cálculo de acessos simultâneos que um *site* pode suportar.

> **>> CURIOSIDADE**
> A **teoria da informação** é um ramo da matemática que estuda quantificação da informação. Teve seus pilares estabelecidos por Claude E. Shannon (1948), que formalizou conceitos com aplicações na teoria da comunicação e estatística. A teoria da informação foi desenvolvida originalmente para compressão de dados, para transmissão e armazenamento destes, mas também é utilizada em muitas outras áreas.

Análise combinatória

Conforme vimos na Introdução, a análise combinatória é o ramo da matemática que trata de contagem. Problemas de contagem são importantes sempre que temos recursos finitos. Por exemplo: Quanto espaço de armazenamento um banco de dados usa? Quantos usuários determinada configuração de servidor pode suportar? Problemas de contagem se resumem, muitas vezes, em determinar o número de elementos em algum conjunto finito: Quantas linhas tem uma tabela-verdade com n letras de proposição? Quantos subconjuntos tem um conjunto com n elementos?

Princípio da multiplicação ou princípio fundamental da contagem

Imagine a seguinte situação: uma pizzaria faz uma promoção e oferece a seus clientes três tipos de pizza: *mozzarella*, calabresa e portuguesa. Também é possível escolher o tipo de massa: grossa ou fina. Quantas são as possibilidades para um cliente fazer um pedido de uma pizza nessa promoção?

Podemos resolver esse problema utilizando a **árvore de possibilidades**. A tarefa consiste em escolher primeiro o sabor da pizza e depois a espessura da massa. A árvore da Figura 5.1 mostra que existem 3 × 2 = 6 possibilidades.

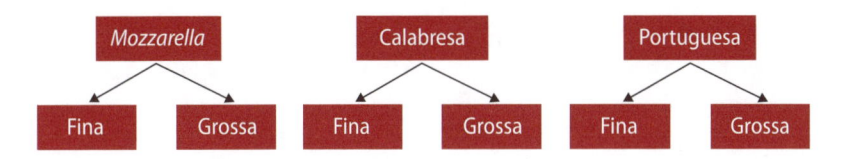

Figura 5.1 Exemplo de árvore de possibilidades a partir dos sabores.
Fonte: Dos autores.

Nesse tipo de problema, a tarefa poderia ter sido invertida: escolher primeiro a espessura da massa e depois o sabor, o que pode ser visto na árvore da Figura 5.2. Porém, isso não altera o número de possibilidades (2 × 3 = 6). Nesse tipo de problema, a ordem não importa, uma vez que, como vimos no Capítulo 2, o conjunto {*mozzarella*, fina} é o mesmo que {fina, *mozzarella*}.

Figura 5.2 Exemplo de árvore de possibilidades a partir da espessura da massa.
Fonte: Dos autores.

> » **DEFINIÇÃO**
> Princípio da multiplicação: se existem n opções para um primeiro evento e m para um segundo, então existem m · n opções possíveis para a sequência dos dois eventos.

Esse exemplo ilustra o fato de que o número de possibilidades pode ser obtido por meio da multiplicação do número de opções do primeiro evento pelo número de opções do segundo. Essa ideia é o que chamamos de **princípio da multiplicação**.

Esse princípio pode ser generalizado para tarefas constituídas de mais de duas etapas sucessivas.

» APLICAÇÃO

1. Ao abrir uma conta corrente, é solicitado ao cliente que cadastre uma senha de quatro dígitos. É possível utilizar os algarismos de 0 a 9, e um mesmo algarismo pode ser usado mais de uma vez. De quantas maneiras distintas o cliente pode escolher sua senha?

    Resolução. Para cada um dos dígitos, temos 10 opções de escolhas:

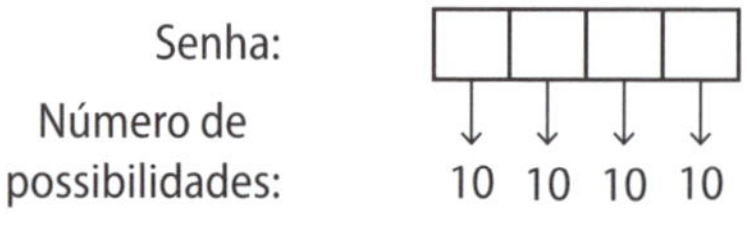

    Senha:
    Número de possibilidades: 10 10 10 10

    Portanto, temos $10 \times 10 \times 10 \times 10 = 10.000$ possibilidades.

2. Com os algarismos 5, 7, 8 e 9, quantos números de três algarismos distintos podemos formar?

    Resolução. Veja que os algarismos devem ser distintos, ou seja, não podem ser repetidos. Logo, para o algarismo da centena, teremos quatro opções, para o da dezena, três opções e para o da unidade, duas opções.

    Portanto, temos $4 \times 3 \times 2 = 24$ possibilidades.

Agora é a sua vez!

*Acesse o ambiente virtual de aprendizagem Tekne para ter acesso às respostas das questões dos quadros "Agora é a sua vez": **www.bookman.com.br/tekne**.*

1. Utilizando as 26 letras do alfabeto latino e os 10 algarismos do sistema decimal, quantas placas distintas de veículos podem ser fabricadas de modo que, em cada uma, existam três letras (repetidas ou não) seguidas de quatro algarismos (repetidos ou não)? E se as letras e os algarismos não pudessem ser repetidos, quantas placas poderiam ser fabricadas?

Princípio da adição

Imagine a seguinte situação: um cliente deseja comprar um computador em uma loja. A loja tem 45 computadores pessoais (PCs) e 18 *laptops* em estoque. Quantas escolhas possíveis o cliente tem? Veja que não temos uma sequência de eventos, já que o cliente vai comprar apenas um computador. A escolha se dará dentre as opções de dois conjuntos disjuntos, ou seja, o número de escolhas possíveis é o número total de opções que temos: 45 + 18 = 63.

> **» DEFINIÇÃO**
> Princípio da adição: se A e B são disjuntos com m e n opções possíveis, respectivamente, então o número total de opções para o evento A ou B é m + n.

O princípio da adição pode ser generalizado para qualquer número finito de eventos disjuntos.

» Outras formas de contagem

O princípio da multiplicação é a ideia fundamental para a resolução de problemas de contagem, porém há alguns processos – permutação, arranjo e combinação – que possuem características especiais.

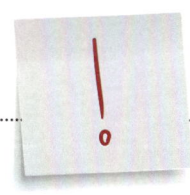

> **» IMPORTANTE**
> Fatorial é o produto dos números naturais de 1 a n, onde n ∈ $\mathbb{N}$, n ≥ 1. Notação: n!
>
> $$n! = 1 \cdot 2 \cdot 3 \cdot \ldots \cdot (n-1) \cdot n$$

> **IMPORTANTE**
> Por definição: $0! = 1$

Arranjo simples

Seja um conjunto com n elementos distintos, chamamos de arranjo dos n elementos tomados k a k ($1 \leq k \leq n$), o agrupamento formado por k elementos distintos escolhidos entre os n elementos dados.

$$A_{n,k} = \frac{n!}{(n-k)!}, k \leq n$$

>> APLICAÇÃO

Uma prova de atletismo reúne 18 atletas. Quantos são os resultados possíveis para os 1º, 2º e 3º lugares?

Resolução. Observe que a ordem dos elementos é importante. Por exemplo: um pódio com Maria em 1º lugar, Marisa em 2º e Marta em 3º é diferente de um pódio com Marta em 1º, Maria em 2º e Marisa em 3º lugar. Logo, para descobrir a quantidade de resultados possíveis, calculamos:

$$A_{18,3} = \frac{18!}{(18-3)!} = \frac{18!}{15!} = \frac{18 \cdot 17 \cdot 16 \cdot 15!}{15!} = 18 \cdot 17 \cdot 16 = 4.896$$

Assim, são 4.896 possibilidades de resultados possíveis para os 1º, 2º e 3º lugares.

Permutação simples

Seja um conjunto com n elementos distintos, chamamos de permutação dos n elementos todos os arranjos desses n elementos tomados n a n.

$$P_n = A_{n,n} = \frac{n!}{(n-n)!} = \frac{n!}{0!} = n!$$

>> APLICAÇÃO

Quantos são os anagramas da palavra VETOR? E quantos deles começam com a letra E?

Resolução. Cada anagrama é uma permutação simples das letras da V, E, T, O, R. Portanto, a quantidade de anagramas é dada por P_5.

$$P_5 = 5 \cdot 4 \cdot 3 \cdot 2 \cdot 1 = 120$$

Agora, para saber quantos deles começam com a letra E, basta fixar a letra E como primeira letra do anagrama e permutar o restante, ou seja, $P_4 = 4 \cdot 3 \cdot 2 \cdot 1 = 24$

>> DEFINIÇÃO

Anagrama é um jogo de palavras que rearranja as letras de uma palavra ou frase, com o objetivo de formar outras palavras com ou sem sentido. Os anagramas eram muito utilizados para criptografar (esconder) mensagens antigamente, e seu conceito ainda é utilizado em alguns algoritmos de criptografia.

Combinação simples

Seja um conjunto de n elementos distintos, chamamos de combinação dos n elementos tomados k a k ($1 \leq k \leq n$), o agrupamento formado por k elementos distintos escolhidos entre os n elementos dados, de modo que a mudança de ordem dos elementos não modifique o agrupamento.

$$C_{n,K} = \frac{n!}{k! \cdot (n-k)!}, k \leq n$$

>> APLICAÇÃO

Em uma reunião, havia 14 pessoas. Cada uma cumprimentou a outra com um aperto de mão. Quantos apertos de mão foram dados?

Resolução. Veja que, neste problema, a ordem não é importante. Por exemplo: Maria cumprimentar José é o mesmo que José cumprimentar Maria, ou seja, é o mesmo aperto de mão. Logo, para descobrir a quantidade de apertos de mão calculamos:

$$A_{14,2} = \frac{14!}{2! \cdot (14-2)!} = \frac{14!}{2! \cdot 12!} = \frac{14 \cdot 13 \cdot 12!}{2 \cdot 1 \cdot 12!} = \frac{14 \cdot 13}{2} = 7 \cdot 13 = 91$$

Portanto, foram dados 91 apertos de mão na reunião.

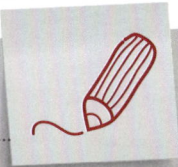

>> Agora é a sua vez!

2. Um *software* de controle de acesso de usuários gera senhas alfanuméricas compostas de nove dígitos, sendo os cinco primeiros dígitos obrigatoriamente letras e os quatro últimos obrigatoriamente números. Desconsiderando todos os caracteres especiais e espaços, e que no máximo duas letras e dois números podem ser repetidos:

   a. Qual é a quantidade de senhas que pode ser gerada por esse *software*?
   b. Qual é a quantidade de senhas que terá dois dígitos numéricos repetidos?
   c. Qual é a quantidade de senhas que terá duas letras e dois números repetidos?

≫ Probabilidade

A teoria das probabilidades teve seu início com jogos de azar (loterias, cartas, rifas, dados, etc.). Um jogo muito popular é a Mega-Sena, no qual um apostador pode escolher no mínimo seis e no máximo 15 números dentre os 60 do volante. Como o jogo depende de um sorteio, podemos questionar: qual é chance de acertar os seis números com uma aposta mínima? Para responder essa pergunta, precisamos da teoria das probabilidades.

≫ Experimento aleatório

Todo experimento que, repetido em condições semelhantes, pode apresentar resultados imprevisíveis dentre os resultados possíveis é chamado de experimento aleatório. <u>Por exemplo</u>: lançamento de moedas, de dados, extração da loteria e escolha, ao acaso, de uma pessoa para perguntar se ela gosta de *rock*.

Espaço amostral
Considerando um experimento aleatório, o conjunto de todos os resultados possíveis é chamado de espaço amostral. <u>Por exemplo</u>: ao lançar um dado honesto e observar a face voltada para cima, temos E = {1, 2, 3, 4, 5, 6}.

Notação: E

Evento
Dado um experimento aleatório cujo espaço amostral é E, chamamos de evento qualquer subconjunto de E. <u>Por exemplo</u>: uma urna contém dez bolas numeradas de 1 a 10. Uma bola é sorteada ao acaso. Se A é o evento "ocorre um número par", temos que A = {2, 4, 6, 8, 10}.

Probabilidade
Seja um evento A de espaço amostral finito E (não vazio). A probabilidade de ocorrer o evento A é dada pela razão entre o número de casos que nos interessa e o número total de casos.

$$P(A) = \frac{n(A)}{n(E)} = \frac{\text{número de casos que interessa}}{\text{número total de casos}}$$

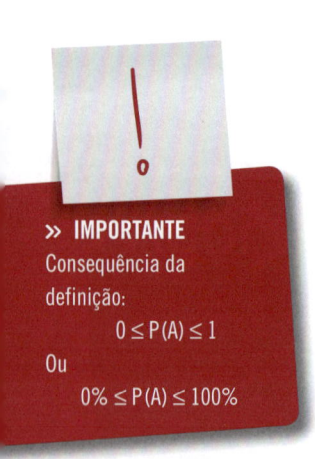

> ≫ **IMPORTANTE**
> Consequência da definição:
> $0 \leq P(A) \leq 1$
> Ou
> $0\% \leq P(A) \leq 100\%$

» APLICAÇÃO

Uma urna contém dez bolas numeradas de 1 a 10. Uma bola é sorteada ao acaso. Se A é o evento "ocorre um número par", qual é a probabilidade de ocorrer o evento A?

Resolução.

E = {1, 2, 3, 4, 5, 6, 7, 8, 9, 10}   n(E) = 10
A = {2, 4, 6, 8, 10}   n(A) = 5
$P(A) = \dfrac{5}{10} = 0{,}5$ ou 50%

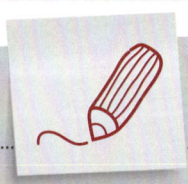

» Agora é a sua vez!

3. Considerando o mesmo espaço amostral do exemplo anterior e o evento "B: ocorre número múltiplo de 3", qual é a probabilidade de ocorrer o evento B?

Probabilidade da união de dois eventos

Considere o experimento aleatório "lançar simultaneamente dois dados perfeitos e distinguíveis" e os eventos A "obter soma ímpar", B "obter soma 8" e C "obter soma múltipla de 3". Vamos calcular a probabilidade de ocorrer A ou B e a probabilidade de ocorrer A ou C. Para construir o espaço amostral E, podemos fazer uma tabela com as possibilidades.

Tabela 5.1 » Espaço amostral E

Face do dado Y \ Face do dado X	⚀	⚁	⚂	⚃	⚄	⚅
⚀	(1,1)	(1,2)	(1,3)	(1,4)	(1,5)	(1,6)
⚁	(2,1)	(2,2)	(2,3)	(2,4)	(2,5)	(2,6)
⚂	(3,1)	(3,2)	(3,3)	(3,4)	(3,5)	(3,6)
⚃	(4,1)	(4,2)	(4,3)	(4,4)	(4,5)	(4,6)
⚄	(5,1)	(5,2)	(5,3)	(5,4)	(5,5)	(5,6)
⚅	(6,1)	(6,2)	(6,3)	(6,4)	(6,5)	(6,6)

Veja que o espaço amostral é formado por 36 elementos.

- Evento A: "obter soma ímpar" → A = {(1,2), (1,4), (1,6), (2,1), (2,3), (2,5), (3,2), (3,4),(3,6), (4,1), (4,3), (4,5), (5,2), (5,4), (5,6), (6,1), (6,3), (6,5)}, onde n(A) = 18
- Evento B: "obter soma 8" → B = {(2,6), (3,5), (4,4), (5,3), (6,2)}, onde n(B) = 5
- Evento C: "obter soma múltipla de 3" → {(1,2), (1,5), (2,1), (2,4), (3,3), (3,6), (4,2), (4,5), (5,1), (5,4), (6,3), (6,6)} → n(C) = 12

Vamos calcular a probabilidade de ocorrer **A ou B** (Notação: P(A∪B)). Note que A∩B = ∅, e neste caso dizemos que A e B são **mutuamente exclusivos**. Então, para calcular P(A∪B) basta adicionar a P(A) e P(B).

$$P(A \cup B) = P(A) + P(B)$$

$$P(A \cup B) = \frac{18}{36} + \frac{5}{36} - \frac{23}{36} \cong 0{,}64 = 64\%$$

Agora, vamos calcular a probabilidade de ocorrer **A ou C**. Note que a intersecção não é vazia, pois A∩C = {(1,2), (2,1), (3,6), (6,3)}. Então, a probabilidade de ocorrer A ou C é igual à probabilidade de ocorrer A mais a probabilidade de ocorrer B menos a probabilidade de ocorrer A e B.

$$P(A \cup C) = P(A) + P(C) - P(A \cap C)$$

$$P(A \cup C) = \frac{18}{36} + \frac{12}{36} - \frac{4}{36} = \frac{26}{36} \cong 0{,}72 = 72\%$$

»Agora é a sua vez!

4. Em um condomínio de 500 habitantes, 200 têm carro, 150 têm moto e 100 têm ambos. Qual é a probabilidade de uma pessoa sorteada ao acaso possuir carro ou moto?

Probabilidade condicional

Considere a tabela a seguir, referente a um grupo de alunos de uma escola técnica.

Tabela 5.2 » Alunos de uma escola técnica

	Sexo masculino	Sexo feminino	Total
Mecânica	40	10	50
Enfermagem	20	60	80
Informática	40	30	70
Total	100	100	200

Sorteando-se, ao acaso, um aluno desse grupo, qual é a probabilidade de que ele se destine ao curso de Enfermagem, sabendo-se que é do sexo masculino?

Note que a probabilidade do evento "ser do curso de Enfermagem" foi modificada pela presença de um evento condicionante "ser do sexo masculino". Então, definimos:

- A: ser do curso de Enfermagem → n(A) = 80
- B: ser do sexo masculino → n(B) = 100
- A/B: evento A está condicionado ao evento B que já ocorreu

Nesse caso, P(A/B) é a probabilidade de sortear uma pessoa do curso de Enfermagem, sabendo que ela é do sexo masculino, e é dada por:

$$P(A/B) = \frac{n(A \cap B)}{n(B)}$$

Observando a tabela, podemos concluir que n(A ∩ B) = 20, então,

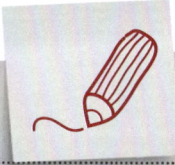

P(A/B) = $\frac{20}{100}$ = 0,2 = 20%.

» Agora é a sua vez!

5. Considere a Tabela 5.2 e responda: sorteando-se, ao acaso, um aluno do grupo, qual é a probabilidade de que ele se destine ao curso de Informática, sabendo-se que ele é do sexo feminino?

Probabilidade da intersecção de eventos

Considere o experimento aleatório "lançar um dado perfeito e uma moeda perfeita" e os eventos A "sair o 5 no dado" e B "sair cara na moeda". Nesta situação, dizemos que os eventos **A e B são independentes,** pois a ocorrência de um não implica na ocorrência do outro. Logo, a probabilidade de ocorrência de A e B é igual ao produto das probabilidades de cada evento.

$$P(A \cap B) = P(A) \cdot P(B)$$

Observe que $P(A) = \dfrac{1}{6}$ e $P(B) = \dfrac{1}{2}$, então $P(A \cap B) = \dfrac{1}{6} \cdot \dfrac{1}{2} = \dfrac{1}{12}$

>> Agora é a sua vez!

6. No lançamento de dois dados, calcule a probabilidade de obter face menor que três em um dado e face ímpar no outro.

>> Binômio de Newton

Criado pelo físico e matemático Isaac Newton com o intuito de complementar as ideias sobre produto notável, o binômio de Newton nos permite calcular a enésima potência de um binômio e engloba os coeficientes binomiais e suas propriedades, o Triângulo de Pascal e suas propriedades e a fórmula do desenvolvimento do binômio de Newton.

Podemos compreender melhor o Binômio de Newton por meio da aplicação a seguir.

» APLICAÇÃO

Em uma rede de servidores é comum a ação de um agente inteligente que forma uma fila dos servidores mais e menos ociosos, visando otimizar determinada ação solicitada, como acelerar o *download* de um documento que se encontra na nuvem. Assim, considerando que na rede de servidores a probabilidade de determinado servidor ser escolhido pelo agente em uma operação é 0,15, se o agente inteligente realizar vinte operações destas em um período, qual é a probabilidade desse servidor específico ser o escolhido ao menos uma vez?

Resolução. Note que a probabilidade de sucesso (usar o servidor) ou fracasso (não usar o servidor) é sempre a mesma em cada operação. Nessas condições, a probabilidade de obtermos k sucessos e n − k fracassos em n operações, é obtida pelo termo geral do Binômio de Newton:

$$P = \binom{n}{k} \times p^k \times q^{(n-k)}$$

onde:

n é o número de operações de escolha do agente inteligente, portanto n = 20
k é o número de operações nas quais o agente inteligente o escolhe, portanto k = 1
p é a probabilidade do servidor ser escolhido, logo p = 0,15
q é a probabilidade do servidor não ser escolhido, logo q = 1 − 0,15, ou seja, q = 0,85

Assim, temos:

$$P = \binom{20}{1} \times 0,15^1 \times 0,85^{(20-1)}$$

Primeiramente resolvemos o número Binomial:

$$\binom{n}{k} = \left(\frac{n!}{k!(n-k)!}\right) = \frac{20!}{1!(20-1)!} = \frac{20 \times 19!}{1! \times 19!} = \frac{20}{1} = 20$$

Aplicando na fórmula:

$$P = 20 \times 0,15^1 \times 0,85^{(19)} = 0,1368$$

A probabilidade de o servidor ser o escolhido dentro das vinte operações é de 0,1368.

» Atividades

Considere a Tabela 5.2 para responder os itens abaixo.

1. Sorteando-se, ao acaso, um aluno do grupo, qual é probabilidade de que:

    a. Seja do sexo feminino, sabendo-se que se destina ao curso de Enfermagem
    b. Seja do sexo masculino, sabendo-se que se destina ao curso de Informática.

2. Quantas permutações das letras da palavra PERNAMBUCO existem? Quantas começam por vogal?

3. Um time de futebol de salão tem 12 jogadores entre titulares (5) e reservas. De quantas maneiras pode-se escolher um time titular?

4. Considere os números obtidos do número 12.345 efetuando-se todas as permutações de seus algarismos. Colocando esses números em ordem crescente, qual o lugar ocupado pelo número 43.521?

5. Para ter acesso às informações de sua conta bancária, um usuário utiliza um terminal de computador, no qual ele deverá digitar seu código secreto, formado por quatro dígitos, numa determinada ordem. O usuário não se lembra exatamente do código secreto, mas lembra que o código não tem dígitos repetidos, os dígitos estão em ordem crescente e o número formado pelos dígitos é maior do que 4.000.

    a. Qual é a probabilidade de ele digitar o código corretamente na primeira tentativa?
    b. Tendo errado em duas tentativas, qual é a probabilidade de ele acertar o código na terceira tentativa?

6. De quantas maneiras podem ser escolhidos 3 números naturais distintos de 1 a 30 de modo que sua soma seja par?

7. Foi feito um recenseamento em uma cidade para analisar quais eram os principais meios tecnológicos que as pessoas utilizavam para acessar a internet no seu dia a dia (considerando apenas o mais utilizado). Dessa maneira, se uma pessoa for sorteada ao acaso, qual é a probabilidade dela utilizar *tablet* ou *smartphone*?

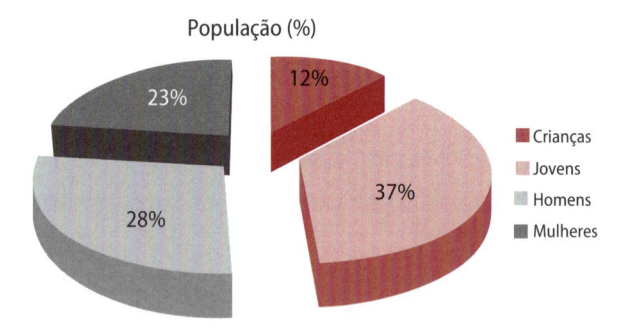

População (%)

- Crianças: 12%
- Jovens: 37%
- Homens: 28%
- Mulheres: 23%

Meio de acesso a internet	Crianças	Jovens	Homens	Mulheres
Computador	41%	19%	10%	12%
Netbook	4%	2%	5%	6%
Notebook	29%	28%	28%	21%
Tablets	17%	14%	29%	32%
Smartphones	8%	36%	28%	29%
Outros	1%	1%	0%	0%

REFERÊNCIA

SHANNON, C. E. A mathematical theory of communication. *The Bell System Technical Journal*, v. 27, p. 379-423, 623-656, 1948. Disponível em: http://cm.bell-labs.com/cm/ms/what/shannonday/shannon1948.pdf>. Acesso em: 06 nov. 2014.

LEITURAS RECOMENDADAS

CHANDLER, H. M. *Manual de produção de jogos digitais*. Porto Alegre: Bookman, 2012.

OLIVEIRA, J. F.; MANZANO, J. A. N. G. *Algoritmos*: lógica para desenvolvimento de programação de computadores. São Paulo: Érica, 2012.

PERUCIA, A. S. et al. *Desenvolvimento de jogos eletrônicos*: teoria e prática. 2. ed. São Paulo: Novatec, 2007.

PIVA, G. D.; OLIVEIRA, W. J. *Análise e gerenciamento de dados*. São Paulo: Fundação Padre Anchieta, 2010.

RÉU JÚNIOR, E. F. *Redes e manutenção de computadores*. São Paulo: Fundação Padre Anchieta, 2010.

SHOKRANIAN, S. *Criptografia para iniciantes*. 2. ed. Rio de Janeiro: Ciência Moderna, 2012.

STALLINGS, W. *Criptografia e segurança de redes*. 4. ed. São Paulo: Prentice-Hall, 2007.

Apêndice

No apêndice, faremos um breve estudo das regras de três simples e compostas, equações do 2º grau e porcentagem. Tratam-se de assuntos utilizados com muita frequência em informática, tanto na construção de algoritmos, pseudocódigos e programas, como na resolução de problemas computacionais relacionados ao armazenamento de dados e gerenciamento de memórias e discos.

Bases Científicas

- » Regras de três
    - » Regra de três simples
    - » Regra de três composta
- » Equações do 2º Grau
    - » Equação completa
    - » Equação incompleta
- » Porcentagem

Bases Tecnológicas

- » Construção de algoritmos: fluxogramas e pseudocódigos
- » Armazenamento de dados
- » Gerenciamento de discos
- » Gerenciamento de arquivos
- » Gerenciamento de memória
- » Introdução à programação modo texto ou console
- » Conceitos de sistema de arquivos para servidor
- » Recursos e ferramentas das principais planilhas eletrônicas
- » Configuração de serviços de servidores
- » Procedimentos de testes em programas

Expectativas de Aprendizagem

- » Utilizar a regra de três simples e composta para resolver problemas com grandezas direta ou inversamente proporcional a outras grandezas.
- » Reconhecer e encontrar as raízes de equações polinomiais de 2º grau.
- » Utilizar porcentagem em situações-problema.

❯❯ Regra de três

Utilizamos a regra de três para resolver problemas nos quais temos uma grandeza que é direta ou inversamente proporcional a uma ou mais grandezas.

Existem dois tipos de regra de três: a simples, que envolve apenas duas grandezas, e a composta, que envolve mais de duas grandezas.

❯❯ Regra de três simples

Nos problemas de regra de três simples, sempre são dados dois valores de uma grandeza e um valor de outra. Utilizando a proporcionalidade, devemos descobrir o valor que falta.

Exemplo 1
Joana comprou oito metros de fita por R$ 18,00. Se ela comprasse dez metros dessa mesma fita, quanto gastaria?

Observe que, se Joana está comprando mais fita, então o valor a pagar será maior. Ou seja, nesse caso, a grandeza comprimento e a grandeza valor são *diretamente proporcionais*. Então, para resolver este problema, fazemos:

Comprimento (m)	Valor (R$)
8	18
10	x

Assim, temos a proporção:

$$\frac{8}{10} = \frac{18}{x}$$

Pela propriedade fundamental das proporções, temos:

$$8x = 10 \times 18 \Rightarrow 8x = 180 \Rightarrow x = \frac{180}{8} = 22,5$$

Portanto, Joana gastaria **R$ 22,50** na compra de dez metros de fita.

Exemplo 2
Um carro faz uma viagem de cinco horas viajando com velocidade média de 60 km/h. Se ele quiser fazer a mesma viagem em quatro horas, qual deverá ser sua velocidade média?

Note que agora as grandezas são inversamente proporcionais, uma vez que, nesse caso, o tempo de viagem diminui – então, a velocidade média deverá aumentar.

Tempo (h)	Velocidade média (km/h)
5	60
4	x

Montando a proporção, temos $\frac{5}{4} = \frac{60}{x}$.

> ❯❯ **ATENÇÃO**
> **Propriedade fundamental**
> Sejam a, b, c, d números reais e diferentes de zero, tais que $\frac{a}{b} = \frac{c}{d}$, temos que $ad = cb$.

Assim, para calcular a velocidade média solicitada, devemos inverter uma das razões:

$$\frac{5}{4} = \frac{x}{60} \implies 4x = 300 \implies x = \frac{300}{4} = 75$$

Portanto, o carro deve andar a uma velocidade média de **75 km/h**.

» Regra de três composta

Nos problemas de regra de três composta, há três ou mais grandezas relacionadas entre si. Nesse caso, é apresentado um valor apenas para uma das grandezas. Do mesmo modo que na regra de três simples, utilizamos a proporcionalidade para descobrir o valor que falta.

Exemplo

Duas cozinheiras trabalham quatro dias, nove horas por dia, e produzem 2.000 docinhos. Se três cozinheiras trabalharem por seis dias, quantas horas elas precisarão trabalhar por dia para produzirem 5.000 docinhos?

Resposta. Vamos representar as grandezas envolvidas em uma tabela e depois analisá-las.

Horas/dia	Quantidade de cozinheiras	Dias	Quantidade de docinhos
9	2	4	2.000
x	3	6	5.000

Para determinar se as grandezas são direta ou inversamente proporcionais, devemos analisar as grandezas duas a duas, sempre em relação à grandeza que tem o dado faltante.

Note que:

- Quantidade de cozinheiras e horas/dia são grandezas inversamente proporcionais, pois o aumento do número de cozinheiras diminui as horas/dia para uma mesma produção.
- Quantidade de dias e horas/dia são grandezas inversamente proporcionais, pois o aumento do número de dias diminui as horas/dia para uma mesma produção.
- Quantidade de docinhos e horas/dia são grandezas diretamente proporcionais, pois, com o aumento do número de docinhos, teremos que aumentar as horas/dia para uma mesma quantidade de cozinheiras e de dias de trabalho.

Agora, aplicando o mesmo raciocínio da regra de três simples, fazemos:

$$\frac{9}{x} = \frac{3 \cdot 6 \cdot 2.000}{2 \cdot 4 \cdot 5.000} \implies \frac{9}{x} = \frac{36.000}{40.000} \implies x = \frac{9 \cdot 40.000}{36.000} = 10$$

Portanto, seis dias de trabalho de três cozinheiras podem render **5.000 docinhos** se elas trabalharem dez horas por dia.

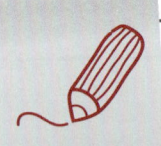

» Agora é a sua vez!

Acesse o ambiente virtual de aprendizagem Tekne para ter acesso às respostas das questões dos quadros "Agora é a sua vez": **www.bookman.com.br/tekne**.

1. Um *software* desenvolvido para controlar a velocidade média dos carros em uma rodovia tem uma programação para fotografar carros que ultrapassem 120km/h. Um carro a uma velocidade média de 80km/h demorou três horas para percorrer um trecho entre pedágios. Outro carro demorou uma hora e 45 minutos para percorrer o mesmo percurso. Qual é a velocidade média desse carro? Ele seria fotografado?

2. O sistema de cobrança de energia elétrica analisa, dentre outros fatores, a média mensal de quilowatts do consumidor para compor o valor final que será cobrado. Determinada residência, com um consumo de aproximadamente 127 kwh, tem uma cobrança de R$ 58,70. Qual seria o valor se o consumo fosse de 285 kwh?

3. Um sistema bancário analisa o grau de endividamento dos clientes para liberar empréstimos. O cliente não deve ter dividas que superem 30% de sua renda mensal. Determinado cliente tem um financiamento de R$ 967,58, que representam 13,78% de sua renda mensal. Qual seria o valor máximo da parcela mensal de seu financiamento?

4. Foi desenvolvido um *software* que controla o carregamento de 8 tipos de grãos, separadamente, em vagões de trem. Quando são completados 15 vagões, o *software* emite um som para avisar que o carregamento está iniciando com outro tipo de grão. Em dez horas, o *software* controla o carregamento de 6.525 m^3 em 45 vagões. Em sete horas, quantos vagões são necessários para descarregar 8.750m^3? Quantos tipos de grãos serão descarregados?

5. Uma fábrica de processadores possui 12 máquinas automatizadas que produzem aproximadamente 15.850 peças em quatro horas de trabalho. Quantas peças seriam produzidas por 18 máquinas em 6 horas?

» Equação polinomial do 2º grau

Uma equação polinomial do 2º grau na incógnita x é da forma

$$ax^2 + bx + c = 0 \quad (a \neq 0)$$

onde os números reais a, b e c são os coeficiente da equação, sendo que a deve ser diferente de zero. Essa equação é também chamada de **equação quadrática**, pois o termo de maior grau está elevado ao quadrado.

❯❯ Equação completa

Uma equação polinomial do 2º grau é dita completa se todos os coeficientes, a, b e c, são diferentes de zero. Exemplos:

- $2x^2 + 14x + 5 = 0$
- $3x^2 + \frac{x}{4} - 2 = 0$

❯❯ Equação incompleta

Uma equação polinomial do 2º grau é dita incompleta se b = 0, c = 0 ou b = c = 0. Lembre-se de que o coeficiente a é sempre diferente de zero. Exemplos:

- $8x^2 + 2x = 0$
- $6x^2 + 18 = 0$
- $4x^2 = 0$

❯❯ Resolução de equações incompletas

Equações do tipo $ax^2 = 0$

Para resolver equações desse tipo, basta dividir os dois lados da igualdade por a, e, nesse casso, sempre obtemos duas raízes iguais a zero.

> ### ❯❯ APLICAÇÃO
>
> Calcule as raízes da equação $4x^2 = 0$.
>
> **Resolução.** $\frac{4x^2}{4} = \frac{0}{4} \implies x^2 = 0 \implies x = \pm\sqrt{0} = 0$
>
> Logo, as raízes dessa equação são iguais a zero ($x_1 = x_2 = 0$).

Equações do tipo $ax^2 + bx = 0$

Nesse caso, podemos fatorar a equação, obtendo $x(ax + b) = 0$, e teremos que $x = 0$ ou $ax + b = 0$. As raízes dessa equação serão dadas por:

$$x_1 = 0 \text{ ou } x_2 = -\frac{b}{a}$$

>> APLICAÇÃO

Calcule as raízes da equação $8x^2 + 2x = 0$.

Resolução.

$2x(4x + 1) = 0$

$2x = 0$ ou $4x + 1 = 0$

$2x = 0 \Longrightarrow x = 0$

$4x + 1 = 0 \Longrightarrow 4x = -1 \Longrightarrow x = -\dfrac{1}{4}$

Logo, as raízes são:

$x_1 = 0$ ou $x_2 = -\dfrac{1}{4}$

Equações do tipo $ax^2 + c = 0$

Nesse caso, podemos dividir os dois lados da igualdade por a e deixamos o termo constante no segundo membro da equação:

$$\frac{ax^2}{a} + \frac{c}{a} = \frac{0}{a} \Longrightarrow x^2 + \frac{c}{a} = 0 \Longrightarrow x^2 = -\frac{c}{a}$$

Dessa forma, se $-\dfrac{c}{a}$ for negativo, não existe raiz no conjunto dos números reais. Se $-\dfrac{c}{a}$ for positivo, a equação terá duas raízes com mesmo valor absoluto, mas de sinais contrários.

>> APLICAÇÃO

1. Calcule as raízes da equação $6x^2 + 18 = 0$:

    Resolução.

    $6x^2 + 18 = 0 \Longrightarrow 6x^2 = -18 \Longrightarrow x^2 = -\dfrac{18}{6} \Longrightarrow x^2 = -3 \Longrightarrow x = \pm \sqrt{-3}$

    Como o termo constante é negativo, dizemos que essa equação não possui raízes reais.

2. Calcule as raízes da equação $6x^2 - 24 = 0$:

    Resolução.

    $6x^2 - 24 = 0 \Longrightarrow 6x^2 = 24 \Longrightarrow x^2 = \dfrac{24}{6} \Longrightarrow x^2 = 4 \Longrightarrow x = \pm \sqrt{4} = x = \pm 2$

    Como o termo constante é positivo, temos duas raízes reais distintas:

    $x_1 = 2$ e $x_2 = -2$

Resolução de equações completas

Uma das formas mais conhecidas de resolução de equações completas é utilizando a fórmula resolutiva, comumente conhecida como **fórmula de Bhaskara**.

Nesse caso, as raízes da equação polinomial de 2º grau são dadas por:

$$x = \frac{-b \pm \sqrt{\Delta}}{2a}$$

onde $\Delta = b^2 - 4ac$.

Δ é chamado de **discriminante** e há três situações possíveis:

- Se $\Delta > 0$, então as duas raízes são reais e distintas.
- Se $\Delta = 0$, então as duas raízes são reais e iguais.
- Se $\Delta < 0$, então a equação não possui raízes reais.

É importante observar que essa fórmula também pode ser usada para resolver as equações polinomiais do 2º grau incompletas.

>> APLICAÇÃO

Calcule as raízes da equação $x^2 + 9x + 8 = 0$.

Resolução. Primeiramente, identifique os coeficientes: $a = 1$, $b = 9$ e $c = 8$. Depois, encontre o valor do discriminante: $\Delta = 9^2 - 4 \times 1 \times 8 = 81 - 32 = 49$.

Como o discriminante é positivo, então a equação tem duas raízes reais e distintas:

$$x = \frac{-9 \pm \sqrt{49}}{2 \cdot 1} = \frac{-9 \pm 7}{2} \Rightarrow \begin{cases} x_1 = \frac{-9+7}{2} = \frac{-2}{2} = -1 \\ x_2 = \frac{-9-7}{2} = \frac{-16}{2} = -8 \end{cases}$$

Portanto, as raízes dessa equação são $x_1 = -1$ e $x_2 = -8$.

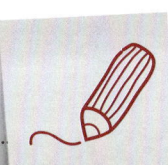

>> Agora é a sua vez!

Resolva as equações polinomiais do 2º grau a seguir.

6. $x^2 - 9x - 8 = 0$
7. $x^2 - 3x + 9 = 0$
8. $16x^2 = 0$
9. $27x^2 - 34 = 0$
10. $8x^2 - 32x = 0$

❯❯ Porcentagem

A razão cujo denominador é 100 recebe o nome de **razão centesimal**. Tais razões podem ser expressas em **taxas percentuais**.

❯❯ EXEMPLOS

1. $\frac{30}{100} = 0{,}30 = 30\%$ (leem-se trinta por cento).

2. $\frac{9}{100} = 0{,}09 = 9\%$ (leem-se nove por cento).

3. $\frac{118}{100} = 1{,}18 = 118\%$ (leem-se dezoito por cento).

❯❯ NO SITE
Não se esqueça de conferir as respostas das questões dos quadros "Agora é a sua vez!" no ambiente virtual de aprendizagem Tekne.

Exemplo

A loja DML cobra 3% de juros sobre o valor de equipamentos de informática em compras a prazo. Marina comprou a prazo um computador que custava, à vista, R$ 1.200,00. Quanto Marina pagou de juros?

Observe que, nessa situação, a cada 100 reais pagos pelo computador, haverá um acréscimo de 3 reais, ou seja, Marina pagou 36 reais de juros.

Veja outras formas de calcular o valor dos juros:

Sabendo que $3\% = \frac{3}{100} = 0{,}03$, podemos fazer:

$$\frac{3}{100} \times 1.200 = \frac{3.600}{100} = 36$$

ou

$$0{,}03 \times 1.200 = 36$$

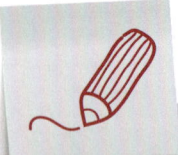

❯❯ Agora é a sua vez!

11. O preço de venda de um CD é de R$ 18,00. Quanto passará a custar o CD se a loja anunciar:

    a. um desconto de 12%?
    b. um acréscimo de 5%?

12. O preço de venda de um monitor é R$ 720,00. Uma loja em promoção de Natal oferece desconto de 25% para pagamento à vista. Qual será, então, o preço do monitor à vista?